智元微库
OPEN MIND

成长也是一种美好

SELF-LOVE

爱的练习

WORKBOOK FOR WOMEN

Release Self-Doubt, Build Self- Compassion,
and Embrace Who You Are

女性自我成长手册

[美]梅根·洛根（Megan Logan） 著　　陈凯西 译

人民邮电出版社

北京

图书在版编目（CIP）数据

爱的练习：女性自我成长手册 / （美）梅根·洛根
（Megan Logan）著；陈凯西译. -- 北京：人民邮电出
版社，2022.9
　　ISBN 978-7-115-59352-8

　　Ⅰ.①爱… Ⅱ.①梅… ②陈… Ⅲ.①女性－自我评
价－手册 Ⅳ.①B848-62

　　中国版本图书馆CIP数据核字(2022)第093807号

◆　　著　　[美] 梅根·洛根（Megan Logan）
　　　　译　　陈凯西
　　责任编辑　王铎霖
　　责任印制　周昇亮
◆　人民邮电出版社出版发行　　北京市丰台区成寿寺路 11 号
　　邮编　100164　　电子邮件　315@ptpress.com.cn
　　网址　https://www.ptpress.com.cn
　　雅迪云印（天津）科技有限公司印刷
◆　开本：787×1092　1/16
　　印张：10.25　　　　　　　　　　　2022 年 9 月第 1 版
　　字数：127 千字　　　　　　　　　2024 年 9 月天津第 4 次印刷
　　　　　　著作权合同登记号　图字：01-2021-6564 号

定价：89.80 元
读者服务热线：（010）67630125　印装质量热线：（010）81055316
反盗版热线：（010）81055315
广告经营许可证：京东市监广登字 20170147 号

这本书属于

练习自我关爱，意味着学习信任自己、尊重自己、善待自己、深爱自己。

——布琳·布朗（Brené Brown）

TED 演讲者，著有《脆弱的力量》

序言

欢迎踏上自我关爱之旅！很高兴你能参与其中，我会为你一路导航。路线图最终指引的方向是与自己建立更好的关系。在此，我想先夸夸你，因为你已经向前迈出了一大步。作为女性，我们总是无法把时间先留给自己。这本书不仅告诉你什么是自我关爱及它为什么那么重要，而且向你展示了如何才能做到这一点。

专家们经常谈论拥有自我价值的重要性，但是，仅了解自我关爱这个词就够了吗？我们就能爱自己了吗？我发现，在通往自我关爱的道路上，须经过一些有意识的练习，包括注意力练习、专注力培养等。如果自我关爱是一个目的地，那么这本书所罗列的活动就是沿途的加油站，你的意志力和所有完成的练习，都是帮助你抵达终点的燃料。

在这一过程中，有时候你会觉得吃力或者觉得不真实，你可能会遇到减速带，可能需要绕道而行。没关系，真正的自我关爱关注的是过程，而不是结果。保持练习吧，你值得被爱。最终，你所有的付出都将获得回报，你将走上自我关爱的道路。

作为一名专门从事女性问题研究并拥有相关执业执照的社会工作者，在我的个人经历和 20 年的从业生涯中，我目睹了自我关爱的重要性。作为一名职场妈妈，

我经常有这样的感觉：经过一天的忙碌工作，我就像没油的油箱和没电的电池一样，精力和能量被消耗殆尽。我想看一整天电视剧，吃很多很多巧克力，不参加任何社交活动——因为它们让我更费心神，而且让我必须应付随之而来的其他问题。但是当我这样做之后，新的问题产生了——我感到孤独，也愈发精疲力竭。正是在那时，我才意识到把自己放在首位是多么重要。今天，我通过自己的工作帮助我的来访者，引导她们内观，审视内心，把自己放在首位，学会自我关爱。

当女性学会发现、培养、强化自己的天赋，并且开始自我疗愈的时候，不可思议的惊喜会随之而来。不管你是想在疲劳中得到恢复，还是计划离开一段不健康的关系，或者只是简单地想把自己放在第一位，这本书都提供了实用的工具和练习，帮助你收获一个充实而有意义的人生。通过肯定、笃信以及循序渐进的练习、锻炼、发人深省的思索，你将奏响更加伟大的自我关爱乐章。不过，话虽如此，也请理解，本书并不能代替心理治疗、药物以及相关的精神医治。寻求专业的医疗帮助来解决自己的问题，并不是一件可耻的事情。而且，我很愿意让这本书化作一个起点、一张地图，成为你绝佳的疗愈和成长辅助工具，为你指明道路。

这本书包括两部分。第一部分，你将了解什么是自我关爱以及为什么把它放在首位是如此重要。第二部分，我将解析自我关爱的组成部分，包括感受自我关怀、构建自我价值、修复疗愈、悦纳自己等。同时，鼓励自我反省的练习和活动将贯穿全书。

如果你想按照自己的节奏来，完全没问题，我还真不希望你操之过急。谨记：这是一段旅行，它途经很多站点，而其中一站就是智慧领地，在那里，你可以练习如何进行自我关怀。

我希望这本书能帮你拿出勇气和意志来拥抱内心的脆弱。有些关于内省的提示和活动可能会让人感到害怕或不知所措，因此，在你练习技能的时候，请预先留出空间，允许这些感受存在，并且让它们显现。如果你觉得这些话听上去不靠谱，也不用担心，我会在路上给你鼓励和支持。

我很高兴能成为你成长、学习、疗愈之旅的副驾驶员，并最终让你明白你自己才是这个世界的珍贵礼物。谢谢你信任我，让我分享你的经验。

目录

若想补偿那些自我付出，女性需要真正的
独处和自我反思的时间。

——芭芭拉·安吉丽思（Barbara De Angelis）

著有《爱是一切的答案》

当我们谈论爱自己时在谈些什么

在开始任何一段旅程之前，你一定要知道这趟旅程的起点和终点。这段旅程的第一部分，是为你理解自我关爱奠定基础。它为你留足时间，用来反思和确定自我关爱对你来说到底意味着什么，带你探索你在哪些领域很强大，在哪些领域还需要成长。第一部分的目的就是让你学习自我关爱，同时了解为什么要花时间和精力去完成第二部分的练习。

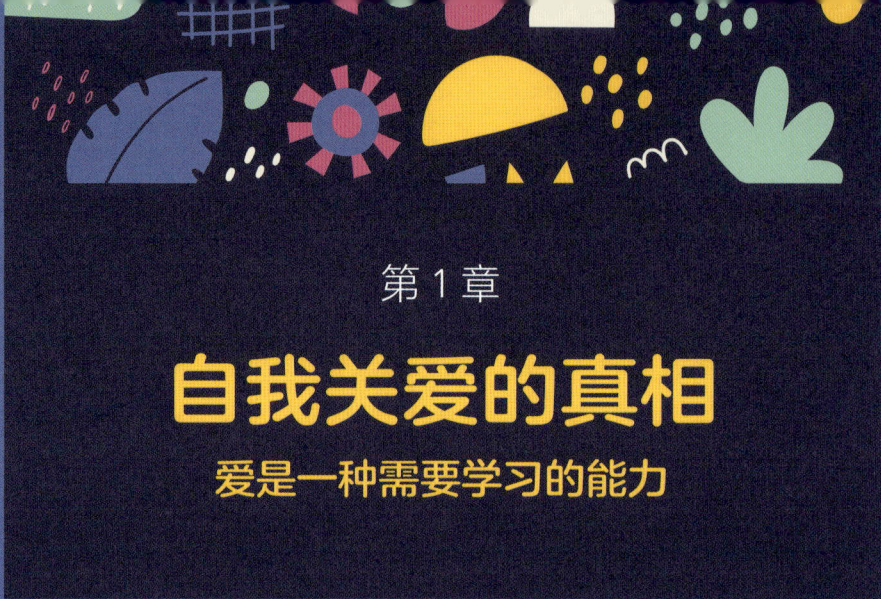

第 1 章

自我关爱的真相

爱是一种需要学习的能力

一次又一次地找自我，是找过去的那个自我吗？不，过去的那个自我虽好，但还不够。我要找的是那个更强的自我、更睿智的自我，是那个浴火重生的自我，那个经历多年质疑却始终为自己的价值奋斗拼搏的自我……终于，终于，她明白了，她一直寻寻觅觅的，就是过去的自我，她一直都足够优秀。

——曼迪·赫尔（Mandy Hale）

为了激发我们的动力和能量，必须深入了解自我关爱的概念。这一章旨在启发和帮助你为第二部分的内容做好准备。在这里，我们将通过定义确立自我关爱这个模糊的概念。本章末尾有一个评估练习，可以帮助你快速了解自己在自我关爱舞台上所处的位置。

什么是自我关爱

自我关爱是燃料，自我关爱是让一个人挖掘其最大潜能、自我实现的燃料。自我关爱包含关怀、感恩和温情。它让我们把自己放在优先位置，并且为自己留出空间，让我们全身心地拥抱生活、热爱生活。当我们身处困境之际，自我关爱让我们学会善待自己；而当我们犯错、内心有愧的时候，自我关爱让我们学会原谅自己。自我关爱给了我们把自己放在首位的权力，让我们发现自己的优势、天赋和力量，从而腾出空间来确认我们的真正需求和愿望。实现自我关爱要学会设置边界，而设置边界又需要自我关爱的参与，因为自我关爱能让我们知道界限应该划在哪，这二者是同步进行、协调共进的。

我在工作期间发现，来访者苦苦挣扎的原因就是她们不知道如何才能爱自己。让她们识别内心那些羞耻的理念很容易，让她们意识到自我关爱是一种需求也很容易，这通常在第一次诊疗过程中就能完成。但随后，她们就陷入迷失的困境，不知道该做何改变，不知道未来何去何从。

什么不是自我关爱

为了更好地理解自我关爱的含义，我们先说说什么不是自我关爱。完美不是自我关爱，永远快乐也不是自我关爱。自我关爱并非来自外界，比如取得多大的成就、获得多大的成功。自我关爱也非来自内心那些羞于批评和恐惧的感受。自我关爱无关羞耻、撒谎、贬低和苛责。有些女性认为，自我批评是实现自我关爱的方式，而且她们的自我批评已经到了吹毛求疵、自我苛责的程度，仿佛越刁难自己，越能得到一个更好的自我。但是，如果你相信我，我可以向你保证，这种通过自我羞辱和自我批评让自己"变得更好"的方式，只会让你崩溃、变得更糟，继而绝望地等待被解救。真正的自我关爱来自内心，是当我们把事情搞砸、把生活弄得天翻地覆的时候，我们依然爱着自己。

自我关爱之路为何如此坎坷

理解自我关爱的概念虽然简单，但实际操作起来很难。为什么？建立联系、寻求归属感是人类的天性。对女性而言，养育的根源是生存。在早期以狩猎为主的氏族社会中，女性的职责是生育、抚养孩子、采集食物、营造安全空间。直到今天，女性的角色依然是照顾者——照顾孩子、父母、朋友和爱人。同时，照顾者的内涵也得到了进一步拓展，比如对外要感恩和仁慈。这就意味着，作为女性，我们经常要优先考虑别人。究其理念的形成，或许来自女性自身的错误认知，比如认为自己不能自私自利、自己不值得被放在首位；或许来自社会的既定印象、童年创伤或者其他深层次的创伤；或许单纯是因为我们没有花时间来考虑自己。

无自我价值的信念植根于羞耻感。羞耻感所在之地，自我关爱就很难生长。我发现，在大部分女性的内心深处，都有一个强烈的声音，叫批评。她们不会用这个声音去和家人说话、去和朋友说话，甚至去和敌人说话，但是，她们会用这个声音和自我对话。时间久了，这种内化的声音就自动演变成一个批判性的叙事高手，像在八车道的高速公路上一路狂奔。她们反倒是在自我关爱的学习之旅中变得谨小慎微，像拿着黄油餐刀在丛林中披荆斩棘。本书的目的就是让大家学习新的叙事方法，通过练习，开辟一条更加清晰、健康的人生之路。

同样，对于那些饱尝痛苦、童年不幸的人来说，自我关爱可能很难有机会生根发芽。但只要开始，永远都不晚，即使是成年人，我们也可以学习爱自己，为自己打造一段全新的、坚实的成长疗愈之旅。

缺乏自我关爱的表现

有这样一个女人，她为旁人牺牲、奉献着自己的一切，最后却把自己搞得充满怨恨和沮丧。虽然一开始她看起来总是慷慨大方、照顾他人，但随着时间的推移，她失去了自我，变得疲惫、痛苦，没有成就感。

缺乏自我关爱的原因有很多，这种"自爱空箱"的表现形式也很多，比如，厌恶自己的身体。厌恶自己的身体的表现形式具有破坏性，包括节食、暴饮暴食、强迫性身体检查、和社交媒体上的健身达人较劲。如果拿感情来举例，就像一味追求一个并不适合的对象，好让自己觉得特别、觉得被需要；或者像处在一段不健康的关系里，早该脱身而去，却依然苦苦挣扎。当我们专注于寻找外在的能量来源时，"自爱空箱"的缺点就会显露，其结果往往是让我们的内心变得更加空虚。

另一个不易察觉的例子是这样的：缺乏自我关爱往往会被误以为是完美主义。乍一听你可能会很奇怪：功成名就难道不是自我关爱吗？很可惜，当完美主义和自我价值由外界评定这两股力量抢走方向盘后，自我关爱就会踩下急刹车。紧接着，无价值感就会上位，会把我们带向错误的方向，让我们与自我关爱的目标渐行渐远。"要是我数学考 100 分就好了""要是我能减掉 20 磅[1]就好了""要是我能找到一位浪漫的伴侣就好了"，这些话你肯定听得耳朵都快长茧子了。

那种努力向别人证明自己、向自己证明自己的行为，都只是看不到尽头的空虚追求，这种追求看似是自我关爱，实则不是。即使我们没有实现目标、没有达到我们对成功的标准，自我关爱也会发光。无论结果如何，自我关爱都必须包括对自己的关怀和感恩。阅读本书，你将有机会将这个想法付诸实践。

---

[1] 英制质量单位。20 磅约合 9 千克。——编者注

自我关爱的好处

想象一下，如果你真的爱自己，你的生活会是什么样子的？如果你不自我怀疑、不自我批评、不害怕自己不够好，你会有什么改变？把这些都放下后，你就会体会到一种满足，全身上下活力满满，并准备接受生活赋予你的一切。再进一步想象，在这个世界上，你的存在本身就是有价值、有意义的。这就是自我关爱的好处。

自我关爱可以为你的生活带来以下改变。

1. **收获更善良、更温柔的自己。** 想象一下，用充满爱和支持的语气与自己对话，就像你和好朋友、教练、伴侣、老师说话那样。让支持、鼓励、宽恕、仁慈和平静充满你的生活。

2. **收获更充实的生活。** 腾出时间和空间来关爱自己。练习自我照顾，这样，你就能刷新你的能力，你的内心会像一口永不枯竭的井，源源不断地给你提供能量。

3. **更爱与人分享。** 有一句话虽然是老生常谈了，但又非常真实，那就是：如果你不先爱自己，那么就很难用你所希望的方式去爱别人。因为结果可能让你陷入"依赖 – 需求模式"，而自我关爱会对你的人际关系产生积极的影响。

4. **与所爱之人建立更健康的关系。** 如果没有自我关爱，我们就需要去外界寻找燃料。表现之一就是把希望寄托在和他人的关系中。不幸的是，期待别人让我们高兴、通过别人认可自己的价值，不仅会让关系变得不平衡、让对方感到不堪重负，还可能带来怨恨和痛苦。学会自我关爱，我们可以在人际关系中拥有健康的动力和期望，而我们自己就成了幸福的创造者。

5. 不再按照外界的标准衡量自己是否成功。诚然，成功实现目标的感觉很棒，但如果你实现目标不是因为受到了自我怀疑和恐惧的鞭挞，而是受到了自我关爱的驱动，那么实现目标就是一个与天赋共舞，继而取得成功、感到享受的过程。

为什么女性要优先考虑自我关爱

向内看，自我关爱是我们人生的养料。我们通过自我照顾、自我关怀来充实自己。自我关爱根植于对内在力量的理解和培养，它以个人的价值观为基础，是你成长、学习、拥抱生活、寻求真理的必要条件。向外看，"你不能从空杯子里倒东西"，这种观点说明了内涵的重要性。这种内涵不仅关乎我们自身，而且关乎我们给予别人、影响外界的能力。如果内心没有爱，我们很难超越小我、实现大爱。那种靠四处奔波、取悦他人来寻找自我存在感、价值感的做法，会让我们疲惫不堪；那种自我批评的声音，虽然乍听上去很激励人，但是结果往往适得其反，它让我们感到疏离、怨恨和孤独。没有自我关爱，不健康的心理倾向就会伺机而动，自我消耗的关系模式、依赖、取悦他人、上瘾、自我破坏的情况可能会随之而来。当我们没有把自我关爱放在首位时，我们会急于用各种结果或数字来证明自己已经足够好，比如体重秤上的数字、考试分数和朋友数量等。这些外在的衡量标准并不符合内在的自我关爱的要求。把自我关爱放在首位并且做到自我关爱，可以帮助我们找到内心的平静、拥有有意义的关系和联结、发挥最大潜能。想象一下，如果我们学会自我关爱，将发生多少令人赞叹、惊奇的事情。

在开始任何旅程以前，你需要先确定自己希望从中收获什么样的体验。它可以帮助你放慢脚步，平息你脑海中的嘈杂喧嚣，放松你的身体，让你与你的内心来一场对话。所以，先找一个安静的地方坐下来，练习以下步骤。

1. 轻轻闭上眼睛。
2. 深呼吸。吸气、呼气，连续做 3 次。
3. 回想一下你买这本书的原因，注意原因中隐秘的暗示或回忆中不舒服的地方；思考一下你希望得到的收获；想象一下，如果内心充满自我关爱，自己的身体会有什么样的感觉。注意身体和呼吸的变化。
4. 当你放松完毕时，可以睁开眼睛。

如何开始你的自我关爱之旅

启程之前，让我们先来看看要做哪些准备工作。

· **时间**。先拥有一段尽可能不被打扰的时间。在现实生活中，女性身兼不同角色，在同一时间内要完成多个任务。拿我自己举例，我就曾经一边戴着婴儿背带给孩子喂奶、一边搅着意大利面酱、一边开着电话会议，这可不是深度反思和内省的理想时刻。所以在做这本书的练习的时候，尝试早起 15 分钟或者晚睡 15 分钟，说不定你还想把这本书偷偷带进浴室！

- **彩色钢笔或彩色铅笔等美术用品。** 在你看这本书的时候，我鼓励你多准备一些特殊的彩笔。有时候，这些特定的笔、特殊的颜色会让我们的体验日记更加生动活泼。不同的颜色、文字风格，也能帮助我们时刻关爱自己，并让这一体验过程更加愉悦。

- **空间。** 当你开始这一旅程后，找一个能让自己放松和舒服的空间是很重要的。或许，一把舒适的椅子、几个枕头、一条舒服的毯子就够了；或许，你可以在家里寻找一个安静的场所。我的一个来访者就把家里的壁橱当作自己的清静场所。

- **仪式感和体验观感。** 为了增强体验，不妨尝试点一支蜡烛，播放一些舒缓的音乐，把灯光调得柔和一些，穿着睡衣，喝一杯热茶。这样做的目的是调动多重感官，让这一体验变得更加有意识，更加有仪式感。而且，如此舒缓和滋养的氛围也让我们更容易敞开心扉，提升自我关爱的可能性。

- **开放的心态和接受脆弱。** 或许，在你开始这段旅程时，最重要的前提就是接受自己的脆弱。当你用诚实、真实来面对自己的时候，创造力、生长力、疗愈力就会茁壮成长。同时，向任何可能性敞开心扉。当你害怕、不知所措的时候，只需要注意或者承认这种感受，然后深呼吸，再把注意力转回这本书。

迎面而来的挑战

在研究自我关爱这样的主题时，你可能会发现自己有时走在一条崎岖不平的道路上，路上坑坑洼洼的，车也可能会在路上抛锚。这就是你可能遭遇的挑战。这些挑战或许让你自我怀疑、恐惧、劳神费力、精力分散，甚至感觉不值得、不想开始。请对自己多点耐心，肯定自己这样做的价值。面对上述这些绊脚石的时候，别放弃，继续前行。哪怕你花时间只阅读其中一章的内容，不做练习也没关系；

如果你觉得书里的某个章节读起来有些吃力，或者无法引起你的共鸣，你可以先跳过去，等到合适的时候再回来读；或者，你可以翻到最符合你的情况的段落。这是你自己的旅程，在读这本书的时候，对自己善良、温柔一点。你可以单独做本书的练习，也可以和咨询师一起做，或者与女性互助小组的成员一起做，支持和鼓励彼此。

成果绝非朝夕之功

实际上，真正的变化需要时间来达成。彼时身处其中的你会感觉自己好像在原地踏步。别担心，成长的过程是非线性的，有起伏是很正常的事。请相信这段旅程对你的意义。当你感到不耐烦、觉得自我关爱很难的时候，尽量对自己温柔和善良一些。毛毛虫要破茧才能成蝶，种子要破土才能开花，你的成长和变化也在持续、不间断地发生着。这是一段漫长的旅程，没有筋斗云能带你迅速抵达，要允许自己慢慢来。

自我关爱如何改变你的人生

真正做到爱自己能在很多方面改变你的生活。在很多层面上，真正的自我关爱可以改变你的人生。如果在一瞬间，生活不再被社会标准或者他人期望的外在的成功标准来衡量，而是完全由你内在动力所驱动，想象一下，这样的人生会是什么样子的。源于自我关爱的能量将一路帮助、推动你成为最好的自己，让你不再沉溺于一段看不到希望的关系，不再期待情感上心有所属，不再追求遥不可及的伴侣，不再取悦他人，不再自我怀疑，不再妒忌、艳羡或产生其他破坏性行为。当自我关爱从内部生长时，爱就会生根发芽，冲破迷雾，长成参天大树，它让人际关系变得更丰富、真实。有了自我关爱，你可以漫游全世界，不惧犯错，不断地学习和成长。

让我们看看在自我关爱之旅中，你处在什么位置。给以下陈述打分，全部完成后再计算总分。

打分说明：**0** = 从不　**1** = 很少　**2** = 有时　**3** = 经常　**4** = 频繁　**5** = 总是

1. 我相信我有价值并且值得被爱。

0　　1　　2　　3　　4　　5

2. 我相信我很特别。

0　　1　　2　　3　　4　　5

3. 我有生活目标。

0　　1　　2　　3　　4　　5

4. 我有能力表达我的需求和愿望。

0　　1　　2　　3　　4　　5

5. 我接受和喜欢我本来的身体。

0　　1　　2　　3　　4　　5

6. 我不是只有身处一段恋爱关系中才能感到完整。

0　　1　　2　　3　　4　　5

7. 我不害怕犯错，做不到出类拔萃也无妨。

0　　1　　2　　3　　4　　5

8. 我的感受和其他人的感受同样重要。

0   1   2   3   4   5

9. 我把自己的感受和别人的感受放在同等重要的位置。

0   1   2   3   4   5

10. 我值得拥有美好的事物。

0   1   2   3   4   5

评分

40 ~ 50： 你已经拥有较为清晰的自我关爱意识。继续成长，继续爱自己吧。

30 ~ 40： 你在前进的路上，继续走下去，而且要时刻记得：你很特别，你很重要。

20 ~ 30： 有时候，你觉得自己有价值；但有时候，你又在苦苦探索自己的价值。坚持下去，相信自己。

10 ~ 20： 你在奋力体验自我价值和被爱的感受，现在，你正处于正确的位置，可以学习如何爱自己。

0 ~ 10： 是时候为自己发展自我关爱打基础了。继续读下去，你值得更好的生活。

结论

现在，你已经迈出了自我关爱之旅的第一步，我为你的勇气、意愿感到骄傲。在下一章中，我们将进一步研究、挖掘自我关爱的练习。你对自我关爱的重要性的认知将支持你完成下一章的学习。你已经迈出第一步，那就是认可自我关爱的重要性，这也是最重要的一步。让我们前往下一站吧。

在每一章结尾，我都附上了一个肯定句。肯定句是一个非常好的工具，它既能帮助你放松，也能帮助你专注；它能鼓励你积极地思考，肯定你是谁、你可以成为谁。留一些时间给自己，关注自己的呼吸，重复这个肯定句，直到你准备好翻开下一页。

敞开心扉拥抱脆弱，奇迹迎面而来。

第 2 章

准备出发

自我关爱不只是泡泡浴和美甲

当我们的品质和天赋被别人赏识时，我们才意识到它们富有价值。我们渴望被发现、被赞美、被引领。但是，这些事为什么要由别人来做呢？为什么我们不能扬帆起航、主动踏上这场自我发现的旅程呢？

——维罗妮卡·图加莱娃（Vironika Tugaleva）

接下来，我们就要进入自我关爱之旅的准备阶段了。在这一章，我们将通过一系列步骤，构建一个有的放矢的过程，为有意识地练习自我关爱创造空间。你将体验如何变得脆弱、如何保持真实、如何在万物纷扰中把自己放在第一位。发挥你的想象力，设想如下场景：油箱加满了油，轮胎充好了气，发动机运转良好，安全带、安全气囊、救援线万无一失，打开音乐，备好零食——这些准备工作可以让你在旅途中拥有别样的体验。寻找自我关爱之旅很神奇，特别是当你被奉献和承诺包围时。所以，系上安全带，整装待发吧。

每日感受自我关爱的力量

每一天，都是复原归零、重新唤醒自我关爱的新时机。以前你终日奔波，没有把自己放在首位，如果你为此苦恼，没关系，现在开始练习自我关爱也不晚。自我关爱是无法在充满耻辱和贬低的环境中生长的，所以，在练习自我关爱的过程中，不妨用友善和支持性的方式和自己对话。想象一下，如果你每天都用亲切、温和、可爱的语气和自己聊天，接下来会发生什么样的变化呢？接下来会有什么样的感受呢？你会做些什么呢？

像刷牙一样，每天进行自我关爱练习，这样会在大脑中建立一条通路，让自我关爱变成自动、自发的行为。科学家们已经了解到，大脑中被激活的神经元可以通过连接其他神经元的方式来传递信息。这些连成线的神经元聚集在一起，创建了一条神经通路。在日常练习中，我们主动做出的任何一种新的行为，比如自我关爱的练习，都会被存储在神经通路中，神经通路能把这种主动行为变成自动行为。当然，在开始阶段，练习自我关爱很有挑战，像在完成一件硬性任务。同时，在感受层面，自我关爱又像溺爱自己或骄纵自己。但不管怎样，只要你坚持下去，这种新的行为模式会变成第二天性，让自我关爱得以成长。

自我关爱不只是泡泡浴和美甲

我一度以为，自我关爱是一种很放纵、很奢侈的行为。工作、家庭、人际关系已经够让我们焦头烂额的了，谁还有时间来照顾自己呢？很快我就意识到，泡泡浴、喝红酒、美甲，这种放松和呵护自我的方式虽然很可爱，也很必要，但真正充实的生活更需要我们精心滋养自己。真正的自我关爱包含更多内容，它意味着我们要诚实地面对自己、确立自己的价值观，从自我伤害、自我破坏的模式中解脱，创造一种真实的生活。在这种创造的真实生活里，我们的选择和决定能够培养并反映我们真正的自我及价值观。现在，请思考这个问题：在你的优先级中，哪些事情和排名发生了变化？如果你还不是很了解价值观的含义，不用担心，在这本书的第二部分，我们将继续探索这一话题。请谨记，虽然享受泡泡浴和美甲也属于某种生活乐趣，但真正的自我关爱来自内心深处，而非由外界的事件、外在的结果、外人的评论或社会的标准界定。

脆弱

作为女性，我们经常扮演照顾者的角色，不停地照顾别人、帮助他人，我们很难意识到，自己也需要被重视、被爱。关注他人的需求可能是回避自己需求的一种方式，但这也会让我们感到脆弱。在真实地面对自己时，要认识到我们的弱点，坦然面对伴随失望、悲伤、恐惧而来的感受（"我不够优秀"）；不仅如此，我们还会有意识地主动迎合这种"我不够优秀"的感受——这是直面真我的一个重要组成部分。在练习诚实面对自我、袒露脆弱的时候，这种感受有时会让人不知所措和害怕，可是，为了实现内心的平静和自我接纳，逾越障碍物是很有必要的。没错，在这趟旅程中，你是自己的头号支持者。不过，你也可以寻求其他可信任的、能给予你支持的对象，他们可能是朋友、家人或治疗师。在你一路向前的时候，他们会站在路边给你加油打气。但是，请记住，你才是自己人生的主宰，除了你自己，没有人能让你变得脆弱。

诚实

如果脆弱是我们的朋友，那么诚实就是她的姐妹。当我们真实面对自己时，诚实就会应运而生。那种仅靠取悦他人的生存模式或只为迎合外界标准的行为，都会让我们偏离真正的自我关爱道路。诚实允许我们袒露自己的思虑、表达我们的感受和意见，即使这样做会让他人生气或者不舒服。若我们压制自己的想法和感受，它们会以其他的形式呈现，并且让我们心生悲伤，甚至产生生理上的不适症状。压抑并不能让情绪凭空消失，反而会让它们停留的时间更长、强度更猛。日积月累，抑制负面情绪会产生一系列健康问题，比如高血压、记忆力下降、注意力不集中等。那些未表达出来的感受、未被解决的愤怒会积聚，形成应激反应，从而进一步损害人际关系和自我价值。做真实的自己，需要认识到自己的天赋，并且与世界一起分享它们。我想，如果我们都试着接纳情感上的脆弱、诚实，我们就会拥有更多有意义的关系和联结。

把自己放在首位

你可能会想："愿望很丰满，现实很骨感。旁人对我们提出如此多的需求、如此多的愿望，我们怎么把自己放在首位呢？"我也经常思考这个问题。工作中要关注时间节点，生活中要支付各类账单、要采购日用品、要照料孩子、要关心伴侣和朋友，甚至在填饱肚子前，我得先把狗喂好、带它出去遛弯。把自己放在首位似乎违背我的个性、天性和女性定位。一开始，我确实花了一些时间来做自我反思，并且通过日记记录下自己的想法和感受；我也学会了给情感和身体设定边界，让自己有时间锻炼，有空参加那些能使我内心平静和快乐的活动。我希望，这本书能帮助你也做到这一点。

给自己留出时间

也许你觉得你无法为照顾自己腾出很多时间。在日常生活中，我是这么做的：提前 10 分钟起床，躺在床上看日出；在入睡前，或在不被打扰的情况下，花 10 分钟听一些舒缓的音乐；洗热水澡，留意水温和洗发水的气味；去健身房健身，哪怕是在椭圆机上追剧，也是一种自我奖励。嘿，看吧，总能找到办法。当我的孩子们还小的时候，我的点子更多。总之，诀窍就是让碎片化时间发挥最大价值。专注于当下是最好的办法。我敢保证，在安顿自己这件事上，无人能为你代劳。

短短 5 分钟就能带来改变

自我关爱,无时无刻不在发生。它可以是一杯热茶、是香皂的芬芳、是脸上的阳光。当我们忧心忡忡、陷入沉思的时候,我们就会错失自我关爱的时机。练习自我关爱的一个诀窍是每天给自己 5 分钟。在这 5 分钟里,你必须全力以赴、专注眼前之事、保持头脑清醒。5 分钟看似不长,但如果你能全程全神贯注,这段时间就绰绰有余。在练习过程中,要有意识地觉察每一个想法、每一种感受以及身体接收的每一种体验,无须评判。5 分钟足以帮助你建造一座通往自己内心的桥梁,并且给你带来内心的平静。

5 分钟自我关爱技巧

下面介绍 3 种多感官的、自我安抚的关爱技巧。

1. **拥抱自然与深呼吸**。走到户外,用鼻子深吸一口气,再从嘴里呼出,感受肺部充满空气的感觉,感受它对身体产生的镇静作用。
2. **仔细聆听**。闭上眼睛,注意倾听四周环绕的声音。只听,不做评判。它们只是声音,没有好坏之分。现在,请大声说出或者写下你听到的声音,只需记下客观存在的声音,比如,时钟的嘀嗒声、车门关闭的声音、猫的呼噜声。
3. **通过身体抚触进行自我安抚**。练习用抚摸身体的方式来安抚自己,比如用手指绕头发、轻揉自己的胳膊或者按摩颈部,注意身体的感觉和舒适度。虽然这些动作我们平常也做,但那都是在无意识的状态下进行的。自我关爱的练习一定要有意为之,这样才能成为一种习惯。在练习中,只做身体抚触,不做任何评判。

加入日程表，以免忘记

我们的生活是如此忙碌，终日疲于奔命。当一天结束时，我们感到精疲力竭，这时候再谈自我关爱自然成了非常困难的事。不过我发现，在日程表上主动预留时间来进行自我关爱的练习，会收获不一样的结果。如果你习惯早起，或许可以让自己再早起 10 分钟；或者像我，在中午排除各种杂音和干扰，把午饭时间当作一个神圣的练习机会，给自我关爱的油箱加油。我们需要做的就是在忙碌的生活中优先安排自我关爱练习，这是朝正确的方向迈出的伟大的第一步。

其他自我关爱练习方法

除了前面提及的方法，还有其他简单的方法可以练习自我关爱。我将其整理出来，鼓励你进一步探索其中的可能性。

视觉化想象

引导来访者进行视觉化想象是我最喜欢做的练习之一。先是经过深呼吸、注意力集中练习，我们得到了平静、专注的感受；接着，想象一幅或快乐或宁静的画，然后对这一场景进行全景扫描。视觉化想象的诀窍在于充分调动感官意识。我们可以按照下面这个方式呈现海滩风景。

> 现在，想象自己正身处海滩上，关注你所看到的画面和颜色，也许是蓝天、白云或碧水；再想象一下沙滩上的气味，也许是空气中的咸味，也许是防晒霜的味道；继续想象，嘴角有一粒盐，用舌头舔一舔，倾听海浪的声音、海鸥的鸣叫；继续，想象一下温暖的阳光或凉爽的海风在轻抚你的脸，从左脸开始，让阳光扫描 180 度，一直到右脸。留意那些你通常会忽略的颜色和细节。

瑜伽和伸展运动

瑜伽及轻柔的伸展运动不仅可以让我们集中注意力，还能够让注意力在我们身体里扎根。当我们感到压力或者焦虑不安的时候，我们的肌肉往往会绷紧。这种战斗、逃跑、僵住的应激反应，能将化学物质和氧气输送到大肌肉群，让我们对真实或潜在的威胁做出反应。这与我们被可怕的动物追逐时触发的反应是一模一样的。在现代生活中，我们通常不会让自己身陷险境，或者处于紧急状况中，自然也不太需要这些额外的化学物质和氧气。但当我们身处压力之下，如果压力不能得到及时释放，紧张感就会持续累积。瑜伽和伸展运动提供了释放的渠道，并成为我们用爱来善待自己身体的一种方式。瑜伽和伸展运动的重点不是消耗热量、追求苛刻的体姿，而是呼吸、专注眼前，并且保持动作的温和、轻柔。当我们伸展我们的肌肉和身体核心时，放松和元气恢复的感觉就会随之而来。

呼吸

或许练习自我关爱最简单、最纯粹、最有效的方法之一就是有意识地呼吸。当然，我们每天都在进行无意识的呼吸，但是，当我们把呼吸当作一种压力管理的方法时，我们就是在爱自己。原因是，当我们静下心来关注我们的呼气和吸气时，我们的身体就会充满维持生命的氧气，这些氧气会被输送到我们身体的各个部位，并且刚好达到合适的水平。在情感层面，当我们专注眼前的时候，呼吸可以带领我们进入自己的身体，同时让我们专注于当下。

额外的练习

还有一些简单的自我关爱小实践。

- **日志**。摊开纸笔，记录日常生活，总结感受，自由写作，只写，不做任何评价。
- **自我肯定的语句**。本书收录了许多这方面的范例，每天试着大声朗读它们吧。

- **起床前，设置一个 10 分钟的闹铃**。别看手机，慵懒地躺着就好。享受温暖的床和思绪舒缓的感觉。

- **拥抱自己**。拥抱自己，就像拥抱喜爱的朋友一样，充满爱意地拥抱自己吧。

在这个评估练习中，请你用惯常使用的爱的表达，填满下面的爱心。尽可能思考各种各样的表达方式，举个例子，阅读这本书，就是爱自己的一种方式。如果你真的觉得束手无策，不妨先想想你是怎么向别人表达爱的，再看看这些方式是否也适用于对自己表达爱。

1. 列出三种你爱惜身体的方式，比如，吃有营养的食物、泡澡和享受充足的睡眠。
2. 列出三种你娱悦自己的方式，比如，培养爱好、参加户外活动、阅读。
3. 列出三种你享受生活的方式，比如，早起喝咖啡、写日记、降低社交媒体的使用频率。

让我们开始吧

现在，我们已经完成了旅途的准备工作，接下来，我们就要启程了！这本书的第二部分介绍了你在自我关爱旅程中可以关注的特定领域。你将有机会练习、记录和评估自己，以及进一步探索自我关爱。请谨记，自我关爱由有意识的练习演变而来，或许有些天你分身乏术、动力缺失，但也不要放弃，这反而是最重要、最需要向前推进的时刻。如果你想绕道而行或者休息一下，也没关系，休整后继续朝着对的方向前进。旅途比特定的目的地更重要，自我关爱是一个不断进化演变的过程。

结论

地图有了、车辆有了、补给品有了，现在我们可以踏上自我关爱的旅程了。再回顾一下我们目前学到的东西：自我关爱是有目的的练习，它需要坦诚和勇气。自我关爱的结果不是让我们变得完美无缺，相反，它意味着让我们通过自我照顾和自我关怀的练习，找到我们的声音和我们的真实自我。

自我关爱，理所当然。

这么多年，你一直在批评自己，可也没什么效果；试着认可自己，看看会发生什么。

——露易丝·L. 海（Louise L. Hay）

著有《生命的重建》

练习爱自己

开启自我成长的旅程

欢迎进入这本书的第二部分。

当我们开始探索未来时，乐趣也纷至沓来。在接下来的篇章里，我们通过提示、练习和体验，更加深入地认识自己，了解自己和自我关爱之间的关系。

第 3 章

认识自己

我是谁，我要到哪里去

千里之行，始于足下。

——老子

听到自我关爱时，你会想到什么？对有些女性来说，自我关爱是一个陌生的概念；而对另外一些女性而言，即使她们已经开始学着爱自己，也很难感到自己是值得被爱的。早期经历过创伤，或者在成长环境中感受不到肯定和支持等，会让她们形成一种固有观念，认为自己的感受和想法并不重要。有时，即便想到了自我关爱这个概念，过去一些不快的记忆和情绪也会被触发，唤起自己不被爱的感受；再或者，像收到提示自己依然不够好的短信一样。这些根植于羞耻心的短信不仅会阻碍我们前进，还会使我们在自我关爱中所做的一切努力都付之东流。我们必须探索这些恐惧和更深层次的障碍，因为它们可能会使我们的旅程变得困难重重。如果这个过程触发了你强烈的感觉和记忆，那么你可以与提供心理健康服务的专业人士联系，或者与值得信任的朋友、亲人多交流，获得他们的帮助和支持。

在这一章中，我们还将评估你在自我关爱旅程中的位置，并且思考、审视你读这本书的目标。你完全可以按照适合自己的顺序来使用这些行之有效的练习。

让我们设立目标

1. 从这本书中，我希望得到什么（比如，健康、快乐、个人成长、内心平静、自信、更健康的人际关系）？

_____

_____

2. 在日常生活中，我希望得到的东西会以何种形式呈现（比如，每天，我会留出10 分钟来练习自我关爱）？

_____

_____

3. 什么时候，我才能知道自己已经实现了目标？

_____

_____

4. 在练习自我关爱（内在和外在）时，我可能遇到什么障碍？

_____

_____

5. 在自我关爱的旅程中，谁能支持我（宠物也算）？

_____

_____

深度测试

让我们通过以下测试深入了解自己在自我关爱这方面的立场。根据表述，圈出符合你情况的数字。

打分说明：**0** = 从不　**1** = 很少　**2** = 有时　**3** = 经常　**4** = 频繁　**5** = 总是

1. 我相信我的感受是真实存在的。

　0　1　2　3　4　5

2. 我认为我的需求和愿望与其他人的一样重要。

　0　1　2　3　4　5

3. 我可以清晰地表达我的诉求。

　0　1　2　3　4　5

4. 我享受独处。

　0　1　2　3　4　5

5. 我可以轻而易举地列出我喜欢的五件事。

　0　1　2　3　4　5

6. 我不对自己做负面评价。

　0　1　2　3　4　5

7. 我在和自己对话时，就像在和好朋友、伴侣说话一样（自在）。

　0　1　2　3　4　5

8. 我喜欢走出自己的舒适区，去尽情冒险。

　0　1　2　3　4　5

9. 对于别人可能不认可的决定，我也义无反顾。

0   1   2   3   4   5

10. 我每周都会花时间锻炼几次。

0   1   2   3   4   5

11. 我吃对身体有益的食物。

0   1   2   3   4   5

12. 我乐于尝试新鲜事物、结交新朋友。

0   1   2   3   4   5

13. 当别人不同意我的观点时，我也能泰然处之。

0   1   2   3   4   5

14. 就算是一个人看电影、在餐厅用餐，我也轻松自在。

0   1   2   3   4   5

评分

请回顾你在本测试中是如何回答每个问题的，留意你倾向于选择什么数字作为评分。这些数字大多偏小（0、1、2）还是偏大（3、4、5）呢？你在哪些方面感受良好？本书有没有让你发现其他可以让你拓展、改进或关注的模式和领域？

播放列表 —— 女性的力量

在十几岁的时候，我常把爱听的歌曲录制在一起，做成拼盘带。我记得我在其中一盘磁带（没错，磁带）上标注的名字是"女性的力量"。所以，为什么不试着把那些最能代表你的歌曲以及能激发自我关爱的歌曲收录在一个歌单里呢？在工作的时候，试着把它们当作背景音乐；或者在需要提神醒脑的时候来上一曲。音乐是激励你、升华当下的强大工具。

不妨找一些生动的歌曲，将其加入你的歌单。

请在这里写下让你充满力量的歌曲。

肯定自己

肯定，是一个非常好的工具，它是训练思维、对自己进行正向思考的开始。那些简单的、可信的、有共鸣的肯定，能为你带来意想不到的效果。

刚开始说肯定语句的时候，你可能会有些尴尬。但是这个练习能帮你在心里强化、捍卫这些积极的信息，助你所言掷地有声。每天早上照镜子时，尝试大声说出至少一个肯定句。这里有一些范例，可以帮助你练习。当然，更好的方式是，写下具有你个人特色的肯定句。

我值得被爱，值得拥有归属感。

爱自己和爱别人一样重要。

表达自己的需求无可厚非。

我的感受是真实存在的，它没有对错之分。

我可以满足自己的需求，这不是自私。

"冒充者"时刻

回想一下自己曾经历的"冒充者"[1]时刻。请描述当时的体验。如果想表达得更有创意，你可以将其画出来。

_____

_____

_____

_____

_____

_____

---

[1] 冒充者综合征，一种自我能力否定倾向，把自己的成功归结为其他因素，而非自身的能力。——编者注

自我关爱的发生

请描述你最近一次体验到自我关爱的经历。当时发生了什么？你对自己有什么想法？对自己产生了积极的感觉后，你有什么样的感受？

_____

_____

_____

_____

_____

给年轻的自己发一条短信

如果让你和年轻的自己来一场对话，你会对她说什么？你会告诉她，不要太在意别人的看法吗？你会告诉她，要关注对自己来说更重要的事情吗？请把你想说的话写在下面的气泡框里。

内化批评的声音

把已经内化的负面想法都倾吐出来，别让它们阻碍你继续练习自我关爱。这些想法可能来自你的童年、原生家庭、亲密关系或约定俗成的社会观念。请在下面的云朵框里把它们写下来。

示例：**如果我没有得到晋升，那就说明我还不够好。**

5 个正面评价

从别人给自己的正面评价里选出 5 个填在下面的横线上。这些评价可以让你更加自信、更有价值感。但也存在一种可能，你自己对这些夸赞都半信半疑。不过没关系，虽然现在没有必要完全相信，但这些评价也许可以作为你寻找自我价值的跳板。如果你对这部分拿不准，可以大大方方地请教一下朋友、爱人，请他们分享，在他们眼里，你有什么优点。

1. _____

_____

2. _____

_____

3. _____

_____

4. _____

_____

5. _____

_____

洞察你的不安

在什么样的情况下，你会感到不自在？你可以为下面的图形涂色[1]，并且在空白处描述你的情况。

结识新朋友

网恋

在别人面前
吃东西

穿泳衣

草草翻阅杂志

---

[1] 用颜色标记你对图上项目的态度，比如，哪些你游刃有余，哪些你会不自在。——编者注

自我关爱的障碍

从社会角度而言，我们在女性权益方面已经取得了长足的进步。但是，来自外界的声音依然影响着我们对自我价值的判断。回想一下杂志上精修过的模特照片，电影、音乐短片中的女性角色，甚至是芭比娃娃，看到这些时，你的感受是什么？请从外界评论以及你自己感受到的对女性的标准中，找出你认为不合理的地方，写在下面。（我列了一些，你可以继续写下去。）

示例：在任何时候，一个女人都要光彩照人。
示例：皱纹和脂肪是没有吸引力的。

1._____

_____

2._____

_____

3._____

_____

4._____

_____

5._____

_____

身材的忧郁

找一个时间，闭上眼睛，想象自己在海滩度假，身上穿着泳衣。你觉得你的身材怎么样？你是否不自觉地将自己与他人进行比较？自己的哪些身体部位会让你不自然？你喜欢身体的哪些部位？请在下面分享你对自己身体的感受和想法，以及你是如何评价它们的。

重新聚焦

身体形象对我们的自我感受有着很大的影响，不过，你可以试着接受，甚至爱上自己的身体。这里有一种简单、有效、强大的方法可以让你重新聚焦你的身体。无论你在海滩还是游泳池，无论你在冲浪、阅读、寻找鲨鱼的牙齿，还是在四方格游戏中一举战胜你的孩子，你都可以把注意力集中在体验上。与其过度关注你的身体，不如让身体动起来，关注其带来的感官体验和乐趣，并且享受当下的氛围。你能看到什么？闻到什么？尝到什么？摸到什么？听到什么？想想其他可能产生不安全感的地方或情形，试着把你的注意力重新聚焦在感官体验上，这样，你就可以充分享受那一刻，忘掉不自在。

认识自己

自我关爱涉及真正了解自己的核心，也就是了解你的价值观以及对你来说什么才是重要的。请在下面的空白处记录给你的人生带来快乐、平静、好奇、兴奋的事件。你可以用文字、图画、剪纸、剪报等各种形式来记录。想想你的兴趣爱好、最喜欢的季节、想做的事情、美好的回忆，等等。想象一下，将来你有了新的认知，你所展示的形象将更加妙趣横生。未来那个更好的自己，就是一份大奖——是对现在努力的自己的奖励。

天赋、优势和才能

认识自己的天赋、优势和才能，是自我关爱的一个组成部分。请制作一张表，至少列出你的5项天赋、优势和才能。不要单纯陈述你在生活里的角色，比如母亲、朋友、女儿、妻子等，而要挖掘你在这些角色里的价值。更重要的是，作为一个独立的个体，你最引以为傲的特质是什么？举例来说，是幽默感，是勤奋，还是人际沟通能力？

激励自己

当你开始从事一项新的事务时，持之以恒可能是一种挑战。请在下面的横线处分享是什么让你更加爱自己。同时，请把写有这些内容的卡片放在手边，在你度过劳累的一天或是想放弃的时候，翻看这张卡片，激励自己。

_____

_____

_____

人格量表

在自我关爱练习中，能带来突破性变化的举措就是更多地了解自己。比如，你不喜欢参加聚会，更喜欢独处；你不喜欢参加学习班，更喜欢自学。或者，你还拥有其他你暂时无法确定的特质。请知晓，你的个性，就是你独特的个体组成部分，拥抱它。过去，我知道我的人格类型，于是，自我关爱的力量也随之变强了；现在，我接受我的人格类型，并且不加任何评判地接受它，你也可以做到。16型人格测试、九型人格，[1] 可以帮助你了解自己的人格类型。不妨把你的测试结果记录下来。

16型人格测试结果：

我的九型人格类型：

_____

[1]　16 型人格测试也叫迈尔斯 - 布里格斯类型指标，简称 MBTI，一种人格类型理论模型。九型人格也叫性格型态学、九种性格，是一种人格心理学理论。类似测试的科学性有待验证，读者可用来了解自己当下大致的性格与喜好，请勿将此作为评判自己的标准。——编者注

我最喜欢的事情

自我关爱的一个部分是知道自己喜欢什么、不喜欢什么。现在，让我们做一个"最喜欢列表"。

最喜欢的甜点：＿＿＿＿＿＿＿＿

最喜欢的人：＿＿＿＿＿＿＿＿＿＿

最喜欢的饮料：＿＿＿＿＿＿＿＿

最喜欢的书：＿＿＿＿＿＿＿＿＿＿

最喜欢的运动：＿＿＿＿＿＿＿＿

最喜欢的咸味小吃：＿＿＿＿＿＿＿

最喜欢的地方：＿＿＿＿＿＿＿＿

一天中最喜欢的时刻：＿＿＿＿＿＿

最喜欢的爱好：＿＿＿＿＿＿＿＿

最喜欢的电影或电视节目：＿＿＿＿

小贴士

这个快速、简单的练习技巧就是，准备 5 张便利贴以及你最喜欢的钢笔或马克笔，写下 5 条能最快速、最直接地让你意识到自我价值并促使你练习自我关爱的信息。如果你需要帮助，以下信息可供你参考。

· 我值得被爱和拥有归属感。

· 我每天都在学习如何爱自己。

· 自我关爱是一趟旅程，我已经准备好出发了！

· 我可以通过关注我自己认为最重要的事来学习自我关爱。

· 我的感受和想法很重要。

把这些便条贴在镜子或笔记本上，或者其他你目之所及的地方，只要它能随时提醒你关注自我价值即可。

结论

现在，我相信你已经明白自我关爱需要时间和努力，与此同时，它也给生活带来了不可思议的变化。当你完成书中的练习后，你会更好地理解自我关爱的意义以及你可以在哪些方面收获更大的成长空间。自我关爱的部分练习涉及欣赏和感激。在我们开始下一章之前，试着告诉自己，你为踏上自我关爱的旅程而骄傲，你为拥有这本书而自豪。通过这样的方式，你可以带着积极的心态进入下一章。

> 我全身心地爱自己，
> 爱自己的优势，也爱自己的缺点。

第 4 章

感受自我关怀

把每一次害怕犯错转化为鼓励

> 每当厌恶自己或生活脱轨时，我都会默念：这是痛苦的一刻，而痛苦又是一生的一课。愿当下的我能善待自己，给予自己所需要的关怀。
>
> ——克里斯汀·内夫（Kristin Neff）[1]

自我关怀的练习核心是学会尊重和呵护自己。与此同时，它还需要我们在承认过去遭遇的创伤、错误及经历愤怒、伤害、悲伤等消极情绪时，保持开放和敏感。自我关怀允许我们进行自我批评和自我评判。

从本质上来说，把自我关怀和自尊区分开来很重要。在我们的生活中，自尊会让我们聚焦在优秀的品质、巨大的成就等带来的良好感受上。然而，在痛苦时，自我关怀比自尊更重要。有了自我关怀，我们的价值就不取决于外在结果。这种自我关怀的反应，让自我价值的信念不再极端，它能让我们重回理性，把失望化为鼓励。

---

[1] 原书为 Kristen Neff，疑有误。——编者注

我会对朋友说什么

我们会把过去发生的创伤事件、儿童时期遭受的创伤内化于心，导致自己觉得不配、不值得被爱，同时也让自我关怀的练习变得更具挑战性。这里提供一个方法，可以帮你快速获得自我关怀的反馈。思考一下，面对一个需要帮助的好友时，你将如何回应。

针对下面的情况，写下你会说的话，帮助对方振作起来。

1. "我犯了一个错，他们把我辞退了。"

_____

_____

2. "我喜欢的人把我给甩了。"

_____

_____

3. "我没有得到梦寐以求的工作，因为我不够格。"

_____

_____

4. "我的朋友组了一个聚会，但没邀请我。"

_____

_____

5. "我得买大一号的衣服了。"

_____

_____

清理社交媒体

你有没有留意过自己浏览社交媒体后的感受？很多人在浏览社交媒体后感觉更糟了。这种自我价值感的改变可能来自我们和其他人的比较。所以，请在下方列出你的社交媒体账户，并解答相关问题：在使用这个社交媒体后，我是否感到有力量、自身够优秀、更快乐。写下社交媒体给你带来的感受，划掉其中让你感觉更糟的平台。你可以不再订阅那些让你不快的新闻媒体，只关注那些能激励你、有营养、能给你力量的图片和信息。如此一来，你就可以朝自我关爱、自我关怀的目标前进一大步。

1. _____

   _____

2. _____

   _____

3. _____

   _____

4. _____

   _____

5. _____

   _____

给过去的自己写封信

回想一下生活中那些让你苦苦挣扎的时刻，那些让你饱尝失望、沮丧或挫败的时刻。可能是你在努力争取学校话剧里的一个热门角色，可能是你面临分手，可能是你没有得到理想的工作。下面这封信的模板对你练习自我关怀具有指导和帮助作用，你可以试着把自己的情况填写在空缺处。

亲爱的＿＿＿＿＿＿＿＿＿＿ （你的名字）

我希望你知道，当你＿＿＿＿＿＿＿＿＿＿＿＿＿＿＿＿＿＿＿＿＿＿＿＿＿

＿＿＿＿＿＿＿＿＿＿＿＿＿＿＿＿＿＿＿＿＿＿＿＿（描述当时的困境）

我一直都在支持你。人们总会经历艰难困苦，这一次，因为＿＿＿＿＿＿＿

＿＿＿＿＿＿＿＿＿＿＿＿＿＿＿＿＿＿＿＿＿＿（描述当时的原因）

你觉得＿＿＿＿＿＿＿＿＿＿＿＿＿＿＿＿＿＿＿（描述当时的感受）

有这样的感受很正常。因为＿＿＿＿＿＿＿＿＿＿＿＿＿＿＿＿＿＿＿＿＿

＿＿＿＿＿＿＿＿＿＿＿＿＿＿＿（解释为什么可以有这种感受，以及为什么有这种感受很正常）

有时候，你对自己的要求太苛刻了。我知道你一定会顺利度过这段时光，因为＿＿

＿＿＿＿＿＿＿＿＿＿＿＿＿＿＿＿＿＿＿＿＿＿＿＿＿＿＿＿＿＿＿＿＿＿

＿＿＿＿＿＿＿＿＿＿＿＿＿＿＿＿＿（描述你曾经是如何度过这段艰难时光的）

永远不要忘记你自己的可贵品质＿＿＿＿＿＿＿＿＿＿＿＿＿＿＿＿＿＿＿＿＿

＿＿＿＿＿＿＿＿＿＿＿＿＿（列出自己的可贵品质，参考、回顾前文列举的5个正面评价）

我一直都爱你，而且坚信你一定能挺过去。

爱你的＿＿＿＿＿＿＿＿＿＿ （你的名字）

自我关怀的回复

自我关怀练习的一部分，是挑战内心负面、消极的想法，消除心里的自我批评。下面是一些消极的句子，请试着用更友善、更温和的风格来陈述。

我一直都不够优秀。 _____

没人会爱我。 _____

我什么都做不好。 _____

我太笨了。 _____

为什么我做不对？ _____

我是一个失败者。 _____

熟能生巧（不是完美）

当你学习新事物的时候，比如学习骑自行车、开车或做一道新菜时，自我关怀和自我善待能给你带来很大的帮助。在学习过程中，出错在所难免，改正后继续尝试就可以了。请回想，在学习新事物的过程中，你是怎么激励自己不要放弃的？你采取了哪些改进措施？

_____

_____

_____

_____

我们患难与共

克里斯汀·内夫博士是一位资深心理学家，同时也是自我关怀方面的专家。

她研究的重要组成部分就是如何从本质上定义自我关怀，以及理解自我关怀的内涵。她解释说，我们都会经历痛苦和挣扎，但这种经历也有助于激发包括善良、宽容、仁慈等在内的人文关怀能力。

以下表述是人类所共有的苦难，请圈出迄今为止你所经历的困境。这个练习可以帮助我们意识到，在面临挑战的时候，我们并不是在孤军奋战。

亲人去世　　　　讲了一个笑话　　　　弄坏了
　　　　　　　　但没人发笑　　　　重要的物件

考砸了　　　　染上传染性强的重病　　　友情破裂
　　　　　　　无法获得家人的照顾

孤身一人　　　　被排挤　　　　贵重物品丢失

分手　　　　体重超标

对自己友善地说话

孩子总是天真活泼、纯洁可爱的。你有没有留意过自己是怎么和孩子说话的？停下来想一想，你可能永远都不会用消极的自言自语来和一个孩子说话。在下面的练习中，请写下你的自言自语，试着让它们听起来更加友善和和气，就像你对孩子说话时那样。

情景举例：不小心把手机摔在了地上。

自言自语：我真是个笨蛋。

改为：没事，手机还没坏，我敢肯定，我不是第一个摔手机的人。

自言自语：_____

改为：_____

自言自语：_____

改为：_____

自言自语：_____

改为：_____

自言自语：_____

改为：_____

自我关怀的箴言

箴言和表示肯定的话语能增强自我关怀的力量。请看以下表述，哪些能引起你的共鸣？把它们放在你目之所及的地方，每天念一遍。你也可以在下面添加新的表述。

- 我已尽我所能，这就够了。

- 即使坠入深渊，我也是值得被爱的。

- 我允许自己感受所有的情绪，即使这些情绪会让人不舒服。

- 我的感受就是感受，没有好坏之分。

- 我的想法就是想法，没有好坏之分。

- 我可以犯错，错误是成长的正常组成部分。

- 我关注我的身体以及它的感觉。

- 我每天都在学习和成长。

- 对我重要的事情，可能对别人不重要，没关系。

- 不是每个人都喜欢我，这无所谓。

_____

_____

_____

_____

自尊和自我关怀

自尊和自我关怀是有区别的。自我关怀让我们在困境中挣扎时能善待自己，然而自尊反映的是我们对成就的感受。看下面的范例，我们不难发现，同样的事情用两种方式表达，自我关怀让我们在任何情况下都能保持稳定，而自尊水平则随你的自我感觉上下波动。根据以下表述，思考二者的区别，并留意自我关怀在其中发挥了多大的作用。

情景举例：得到表扬
自我关怀的反应：我工作很辛苦，我值得被表扬。
自尊心的反应：我是最棒的！每个人都会知道我很棒！

情景：忘了一个重要的会议

自我关怀的反应：_____

自尊心的反应：_____

情景：收到邀约

自我关怀的反应：_____

自尊心的反应：_____

情景：朋友拒绝了我的邀请

自我关怀的反应：_____

自尊心的反应：_____

一路走来

在玛格丽·威廉斯·比安可（Margery Williams Bianco）所著的儿童经典读物《绒布小兔子》（*The Velveteen Rabbit*）里，玩具小马给孩子分享了真实的意义。小马说，作为玩具，被心爱的小主人长时间地把玩，它也是筋疲力尽，可是，即使自己的眼睛掉了、毛发被撸秃了，它也毫不在意，并且甘之如饴。

我一直都很喜欢小马的这段分享。一路走来，虽然我们都经历了种种痛苦和磨难，但是依然在努力生活，乐于体验人生，从而变得更加美丽和完整。这种对真实的看法同样适用于自我关怀。请在下面分享那些积极的经历或困难的挑战，那些塑造你并教你变得更真实的经历。

积极的经历

*
_____

*
_____

*
_____

*
_____

*
_____

困难的挑战

*
_____

*
_____

*
_____

*
_____

*
_____

自我关怀评估

对于下面的表述，请根据自己的情况，勾选正确或错误的选项。

1. 我允许自己犯错，并将其视为学习的机会。

   正确   错误

2. 我允许自己体验所有的情绪。

   正确   错误

3. 当我感到孤独时，我会责备自己，并且告诉自己"没人会喜欢你"。

   正确   错误

4. 用苛刻的语气对自己说话，是让自己做得更好的有效激励方式。

   正确   错误

5. 如果我失败了，那说明我还不够优秀。

   正确   错误

6. 挣扎和痛苦是人生的必经之路。

   正确   错误

7. 我会因为犯错而惩罚自己。

   正确   错误

8. 我必须完美才算优秀、才值得被爱。

   正确   错误

9. 我对自己和对别人一样好。

正确　　　错误

10. 在感受方面，我总是夸大自己的反应，以获得认可。

正确　　　错误

评分

问题 1、2、6、9，选"正确"，得 5 分；

问题 3、4、5、7、8、10，选"错误"，得 5 分。

90～100：你是自我关怀的女王！在爱自己和善待自己方面，你做得很
　　　　　出色！

80～90：坚持下去！每天都练习自我关怀吧。

70～80：继续挑战自己，用更友善、更鼓舞人心的方式对待自己。

60～70：继续学习，记住，每个人都会在困难中挣扎，这种意识是自
　　　　　我关怀练习中的重要组成部分。

50～60：继续练习，自我关怀是一种全新的人生体验方式。注意自己
　　　　　的感受，用友善和充满爱意的方式和自己交谈。

0～50：让我们试着对自己友善一些，你正一步步成长，变得更有爱
　　　　　心、更宽容。记住，自我关怀练习包括善待自己、理解困境
　　　　　中的人及正念练习。

极富挑战的一课

在你的经历中，哪些情形让你觉得展现自我关怀很有挑战性？请在这里分享你的经历，并描述是什么帮助你克服了困难，帮你渡过了难关。

_____

_____

_____

_____

_____

_____

黑科技变声器

在你情绪低落又难以启动自我关怀模式的时候，有一个秘密的"黑科技"可以帮到你。这是我在一次治疗中想到的方法，并且一直沿用至今。我在手机上装了一个变声应用程序，可以录音并且用各种类型的声音回放。使用时，我会录一段消极的话，比如"我不够好"，然后用各种声音一遍又一遍地播放。这是一种化解消极思想的方法，让你不再将负面情绪郁结于心。我最喜欢的声音类型是机器人、"外星人"、花栗鼠。或许，你也可以用自己的声音来说，但可以把语气变得好笑一些，比如学机器人或米老鼠说话。当你能从烦心事中找到快乐时，那些消极、严肃的情绪或许就能烟消云散。

允许自己的感受存在

正念可以帮助我们做到自我关怀。正如前文所言，正念意味着不带任何评判地关注当下。评判是指对自己的所做、所感做出好坏、对错的评价与判断。评判带来的不舒服情绪会让我们难以承受，所以我们总想压抑它，或者麻痹自己。在这里，你可以通过了解身体状况以及这些状况带来的感觉，学习识别情绪。

愤怒：我的身体变得紧张，我的脸很烫，我咬紧牙关。

悲伤：_____

恐惧：_____

喜悦：_____

厌恶：_____

惊奇：_____

感受你的感受

感受没有好坏之分，它们就像海浪，来来去去。但当我们试图反抗它们的时候，反而会像溺水一样。别试图抵抗，想象与情绪一起冲浪或者随波逐流的感受。"前浪"会过去，"后浪"也会来。请写出你今天经历的感受，想想它们是如何来的，又是如何走的。

_____

_____

不完整即完美

作为人类，我们难免有缺陷和不完美的地方。承认这一点，是理解和练习自我关怀的重要组成部分。练习，让我们学会不带偏见地体验想法和感受，并向自我关怀更进一步。我们需要用真诚、善意、感恩、仁慈来接纳自身的缺陷和不完美，而不仅仅停留在意识层面。请做一个列表，列出自己的 5 个缺点，并在旁边的提示栏里写下你的话，来表达"不完整即完美"这一观点。

我很邋遢，把面包屑都弄在了地上。

邋遢点也无妨。

1.＿＿＿＿＿＿＿＿＿＿＿＿＿＿＿＿

＿＿＿＿＿＿＿＿＿＿＿＿＿＿＿＿＿

2.＿＿＿＿＿＿＿＿＿＿＿＿＿＿＿＿

＿＿＿＿＿＿＿＿＿＿＿＿＿＿＿＿＿

3.＿＿＿＿＿＿＿＿＿＿＿＿＿＿＿＿

＿＿＿＿＿＿＿＿＿＿＿＿＿＿＿＿＿

4.＿＿＿＿＿＿＿＿＿＿＿＿＿＿＿＿

＿＿＿＿＿＿＿＿＿＿＿＿＿＿＿＿＿

5.＿＿＿＿＿＿＿＿＿＿＿＿＿＿＿＿

＿＿＿＿＿＿＿＿＿＿＿＿＿＿＿＿＿

1.＿＿＿＿＿＿＿＿＿＿＿＿＿＿＿＿

＿＿＿＿＿＿＿＿＿＿＿＿＿＿＿＿＿

2.＿＿＿＿＿＿＿＿＿＿＿＿＿＿＿＿

＿＿＿＿＿＿＿＿＿＿＿＿＿＿＿＿＿

3.＿＿＿＿＿＿＿＿＿＿＿＿＿＿＿＿

＿＿＿＿＿＿＿＿＿＿＿＿＿＿＿＿＿

4.＿＿＿＿＿＿＿＿＿＿＿＿＿＿＿＿

＿＿＿＿＿＿＿＿＿＿＿＿＿＿＿＿＿

5.＿＿＿＿＿＿＿＿＿＿＿＿＿＿＿＿

＿＿＿＿＿＿＿＿＿＿＿＿＿＿＿＿＿

拥抱幽默

化解、稀释消极的自言自语，幽默是一种极佳的方式。请在下面的方框中，用杂志图片或自己创作的绘画设计一个表情包或卡通形象，展示你对自己的包容和友善。有时候，一点幽默就能驱散内心的阴霾。

让消极的想法随风而去

如果能删除消极想法，那岂不是好事一桩？或许，你已经开始幻想用愚蠢的方式来消除自己那些消极想法了。请按照这样的方法练习：把字或词想象成气球，让它们在你的脑海里飘浮。你只需要告诉自己："我注意到一个消极的词，放手让它去吧。"

现在，用"我一直都不够优秀"等消极的表述来做练习，注意观察，当这些负面的自言自语或其他内化了的批评的声音被消除后，你有什么感觉。

小贴士

除了本章探讨的内容，这里还有一些更快捷、更简单的小贴士，可以让你在需要的时候使用。

- 再出现消极的自言自语时，就掐自己一下。
- 像和好友说话那样和自己对话，比如"你是特别棒的一个人"。
- 离案休息，放下手头的工作，换个地方待着，比如大自然中、家里你最喜欢的角落。放松你的身体，深呼吸。
- 制作一个"肯定罐"，在小纸条上写下自己独一无二、出类拔萃的地方。需要的时候，就抽出小纸条给自己鼓励加油。
- 写下那些消极的自言自语，然后扔掉它们。这一步象征着化解、释放。
- 寻找那些让你感受良好的人或宠物。
- 暂时远离社交媒体、电子产品，让你的世界安静下来，反思自己的生活。
- 乐于尝试，只图一乐，比如创作、烘焙、绘画、写作、涂鸦等。

结论

说了这么多自我关怀的练习和工具，我希望这一章对你有所帮助。驾驭脆弱和不舒服的感受可能是一个挑战，尤其是当你内心经历狂风暴雨时。随着自我关怀的融入，我们在极大程度上改变了游戏规则。在前方的旅程中，不论有多少障碍和弯道，自我关怀都能让我们一路向前。下一章，我们将探索自我怀疑以及那些让我们不相信自己的碎碎念。在这个过程中，自我关怀又将派上用场。

"爱自己"意味着拥抱错误，
并从错误中学习。

第 5 章

释放自我怀疑

解除内化的自我批评

未来属于那些相信梦想之美的人。

——埃莉诺·罗斯福（Eleanor Roosevelt）

生活中最大的敌人，有时就是困在思想围墙里的自己。过去的创伤和挑战在我们的脑海中反复上演批判的戏码，让我们的大脑充满自我怀疑和不安全感。它们可能导致人际关系破裂，产生危害健康的行为，阻碍我们朝着人生目标前进。在这一章，我们的自我关爱之旅将为我们获取自我价值打下坚实的基础。我们首先要做的就是释放那些在过去的创伤或关系中形成的内化心态及限制我们人生的条条框框。为了达成这一目标，我们将打破别人对我们的看法，发挥我们的天赋和才能。

在努力实现自我关爱的过程中，挑战和释放那些关乎自我的消极想法至关重要。下面提供的评估让你有机会更加深入地认识和了解自我关爱的起源。后面介绍的相关活动也将提供实用的练习方法，传授相应的技术、策略，帮你打消那些消极的、自我限制的想法。

自我怀疑评估

请回答下面的问题，来看看自我怀疑是如何限制你的人生的。每勾选一个"正确"选项，给自己加 10 分。

1. **我不喜欢尝试新鲜事物，除非我很擅长它。**
   正确　　　错误

2. **我经常害怕犯错。**
   正确　　　错误

3. **我总是认为自己不够优秀。**
   正确　　　错误

4. **我害怕走出舒适区。**
   正确　　　错误

5. **我觉得别人不喜欢我。**
   正确　　　错误

6. **我会反复考虑说出去的话，并且懊悔自己说得不够好。**
   正确　　　错误

7. **我不喜欢尝试新鲜事物。**
   正确　　　错误

8. **我总是很在意别人对我的评价。**
   正确　　　错误

9. 我觉得我大多数时候都一事无成。

正确　　　　错误

10. 我经常很悲观，而且总是幻想"万一"。

正确　　　　错误

评分

80 ~ 100： 阅读此书真是一个正确的选择。克服自我怀疑对于改变你、改善你的生活都有重大意义。你能意识到这一点真是太棒了。

60 ~ 80： 由于恐惧和缺乏安全感，你经常无法全心全意地生活。请继续坚持练习，以此来建立自信，去追求那些你应得的东西。

40 ~ 60： 你偶尔对自己很满意，不过在某些情况下，你很难感受到自己的价值。请继续识别、挑战你内心批评的声音。

0 ~ 40： 你在善待自己和鼓励自己方面做得很出色，继续努力吧，你的世界会因为你全心全意地生活而变得更美好。

自我怀疑是"思想气泡"

设想一个让你产生自我怀疑的情形，也许是一次公开演讲、一次体育比赛，或者是一次约会。请注意具体是什么样的想法出现在你的脑海里，然后将它们记录在"思想气泡"中。识别负面想法后，尽量不要追究它们是真是假，要看它们对你的自我关爱之旅是否有帮助。如果没有，请尝试创建一个自我关爱和自我善待的新观点，并且把这个新观点大声说 5 次。

积极的回忆

回想你感到自信和安全的某个时刻。请在下面的横线处描述当时的情形和你的经历。当时你身体内部有什么感觉？你是如何向外界展示自己的？在这种情形下，是什么让你感到自信和安全？

_____

_____

_____

"万一"的克星

大部分忧虑是从"万一"开始的。自我怀疑让我们产生这样的想法：万一我看起来很笨怎么办？万一我失败了怎么办？万一我没有得到那份工作怎么办？下次当你发现"万一"的念头冒出来的时候，试着用与恐惧相反的感受来造句，同时注意这种逆向思维是如何给你带来积极感受的。如果你很难相信这种完全相反的说法，试着找一个中性的回答。请用这个方法完成下面的句子。

万一我失败了？

万一我输了_____

_____

万一他们都不喜欢我_____

_____

万一我不够漂亮_____

_____

万一我看起来像个傻瓜_____

_____

万一我_____

_____

万一我_____

_____

万一我成功了？

万一我_____

_____

万一我_____

_____

万一我_____

_____

万一我_____

_____

万一我_____

_____

万一我_____

_____

身体语言大不同

想象一下，当一个人充满自信和安全感的时候，他的站姿是怎样的？你会注意到什么细节？若是一个缺乏安全感、内心充满自我怀疑的人，他的站姿会有什么不同？接下来的练习可以让你意识到身体语言是如何影响我们的自身感受的。当你感到不自信时，你可以深呼吸，确保双脚稳稳地踩在地上，背部挺直，双臂自然下垂，放松面部肌肉。你的站姿挺拔，自信的感受自然就随之而来。摆出自信的姿势后，寻找 3 个让你感受最自然的身体记号，将其列在下方。

自信的身体语言   **不自信的身体语言**

我的高光时刻

在下面的练习中，请列出在过去的一年里让你觉得最骄傲、自豪的 5 件事情或成就。它们不一定是别人眼里的成功，你可以把所有让你骄傲的事情都考虑进去，包括你遇到的挑战，无论大小，这些胜利和成就都是给自己的最甜蜜的回报。

1._____

2._____

3._____

4._____

5._____

我的啦啦队

有时候，在生活中拥有一支"啦啦队"很重要，队员就是那些爱我们和支持我们的人。你的啦啦队队员是谁？或许，他们只在你的人生里扮演过一个小角色，但影响深远。我小学二年级的老师，是我遇到过的最严厉的老师之一，但她也是一个鼓舞人心、对我信任有加的人。那时我还是一个害羞、焦虑的孩子，是她的信任帮助我获得了自信。请列出你生活中的啦啦队队员，想想他们对你产生了何种影响。

1._____

2._____

3._____

4._____

5._____

吸进自信满满、呼出自我怀疑

在深呼吸的过程中，搭配一两个积极的词语，这是一种能让你集中注意力、脚踏实地的有力方式。找一个舒适、安静的地方坐下，调暗灯光，点燃一支蜡烛，播放一些舒缓的音乐，按照下面的步骤引导呼吸，直到你感到舒适为止。在刚开始练习的时候，你可能觉得有些困难，那么先给自己定 1 分钟的时间，看看能否全身心投入。开始练习的时候，如果你觉得时间很漫长，那么就把这 1 分钟当作目标，这也能发挥作用。

1. 用你的鼻子或嘴巴吸气，持续 4 秒，让胸腹充满空气。

2. 屏住呼吸，持续 4 秒；慢慢用嘴呼气，持续 4 秒。按这个顺序重复呼吸，再进行下一步。

3. 当你吸气的时候，选择一两个词表达你自己的感受，比如"我很棒""我有自信"。

4. 当你呼气的时候，释放所有的自我怀疑和不安全感。重复练习 1 分钟，只要你觉得舒服就行。随着你不断进步，你可以适当延长练习时间。

自我怀疑的大山

在这个练习里，先设想一个远大的目标，把它写在图中的"山顶"上。然后想一想你在朝着这个目标努力的过程中，会遇到哪些障碍，把这些障碍写在左侧的箭头上。你可以从下面的项目中选择，也可以再添加一些自己的障碍。当你发誓不再让这些绊脚石阻碍你前进时，你将到达新的高度。

可能存在的障碍：

· 别人的看法

· 过去的失败

· 被他人拒绝

· 希望渺茫

· 不是每个人都能做到

· 感觉自己在冒险

自我怀疑的克星

想一想那些最容易让你自我怀疑的情况，其中存在哪些消极想法？请回答以下问题，来挑战和打破你的自我怀疑。

1. 如果我的朋友也有这样的消极想法，我会对她说什么？

_____

_____

2. 如果我想善待自己，我该如何扭转这种想法？

_____

_____

3. 还有什么想法能让我振作起来？

_____

_____

4. 有什么证据表明这种消极的想法是真实的？又有什么证据表明这种消极的想法不是真实的？

_____

_____

他会对我说什么

想象一下，当你度过高度自我怀疑、充满挑战的一天后，有一个爱你、欣赏你的人坐在你旁边。请在下面的横线处解释你面临的挑战，在对话框中写下你的支持者可能会说的话，比如提醒你多么棒、多么了不起的话。

_____

_____

_____

_____

_____

_____

自我肯定式的散步

虽然我们有时候能听到鼓励和支持我们的话，但往往对此秉持一种半信半疑的态度。我们只是选择让大脑听懂这些字面意思，却没有用心和它们建立联结并且感知它们。请大声重复那些具有积极意义的话，直到它们变成能给予你帮助的内心的声音。请选出适合你的表述，或者创造其他表述，在散步时把这些表述重复10~15分钟，直到它们成为你内心的声音。

我足够
优秀

一切尽在掌握

我会想到
办法的

没关系

我会做得
很出色

我有天赋和才华

我准备
好了

我可以提供
很多东西

一切问题都会
迎刃而解

遇到我
是他们的幸运

我有一片
宏伟蓝图

人们喜欢我且愿意
和我在一起

我诚实、聪明、幽默

我能做到

我有能力

这样做，没关系

我最喜欢的儿童读物，是作家托德·帕尔（Todd Parr）的作品。他的书总在传递一种轻松的理念，叫作"没关系"：与众不同，没关系；犯错了，没关系；难过了，没关系，等等。请在下面的横线处分享一些你经历的"没关系"时刻，即使它们让你感到不舒服，那也没关系。你可能会写：乱一点，没关系；改变主意，没关系。你的"没关系"都有哪些呢？

_____没关系

_____没关系

_____没关系

_____没关系

积极向上的人

回想你在生活中遇到的积极向上、乐于支持你的人，他们也许是你的教练、老师或家庭成员。他们展现出来的哪些品质激励、启发了你？是自信？做事胜券在握？真实？聪明？思维清晰？睿智？还是别的什么？想一想你喜欢的特质，或者你如何才能像他们那样，然后把答案写在下面。

_____

_____

_____

重构，重构，重构

作为一名心理咨询师，我经常运用重构的方法帮助人们从不同的角度看待他们的处境。这项技术有助于扭转人们对事件的消极解读，并且将其调整为积极的思路。以下是一些情况的重构表述，请你试一试，看看有什么感觉。

示例 1：这项活动太难了。重构：虽然这项活动很难，但我正在学着推进。

示例 2：我讨厌减少社交活动的规定。重构：我有更多的时间可以和家人相处。

我一直都不够优秀。重构：＿＿＿＿＿＿＿＿＿＿＿＿＿＿＿＿＿＿＿＿

我很懒。重构：＿＿＿＿＿＿＿＿＿＿＿＿＿＿＿＿＿＿＿＿＿＿＿＿＿

我总是得不到自己想要的。重构：＿＿＿＿＿＿＿＿＿＿＿＿＿＿＿＿＿

小贴士

细致观察，并且不做评判。下次如果你再发现自己深陷自我怀疑、在不安全感中挣扎，请留意你自己的想法。当你出现自我批评的声音时，只在一旁观望。想法只是想法，没有别的含义。作为旁观者来观察一个想法会让你远离这个想法想传递的信息。我经常说，这种练习可以让我们从外部观察龙卷风，而不是被它卷起来脱身不得。在接下来的 5 分钟里，请留意侵入脑海的想法，不要改变，也不用去修正它们，更不用试图把它们吸收到你的思想体系里。

谁制造了批评你的声音

花点时间来反思和确认是谁或者什么事件，促使你产生了那些自我批评的声音。回想你人生发展道路中那些关键时刻，比如，曾有一位来访者分享了她的一段往事，她在小学课堂上答错了一道数学题，当时同学们哄堂大笑，她感到十分窘迫，那一刻她认为：自己一辈子都学不好数学了。

人或事件

传递的信息

祖传家训

通常，在很多家庭中，都有一些流传下来的格言、家训或座右铭，虽然它们的本意是勉励后人，但大部分没发挥什么积极作用。在我的家族中，我们信奉的是一条格言：尽你所能。虽然它是为了激励、鼓励我们尽自己所能，但实际上，这句格言让我凡事力求完美，以至于有一段时间我整个人的状况都很糟糕。显然，我把这条格言的精神发挥到了极致。你童年时期听到的家训或座右铭是什么？现在的你还在受它的影响吗？

观察和释放你的想法

仅仅是证明或反驳一个观点，就能让我们陷入消极情绪中。即便是看到前面这句话，我们也会产生更多用以证明或反驳它的想法。下次当你再有消极想法的时候，不要试图让它消失或改变它，不如试着想一种更有用的办法，来思考积极的念头。留意并允许那些无用的想法存在，同时增加一个新的、更好的想法，关注后者。至于其他的方式，你可以回顾你完成的练习，从中挑选一个可以支持你完成自我关爱之旅的方法，一个能帮助你实现自我关怀、自我善待的方法，帮你转移注意力，走出自我怀疑的怪圈。

给自己的一封情书

在这个练习中，请尝试给自己写一封情书。情书内容包括你欣赏自己的哪些特质，展现你的天赋和才华、别人对你的赞美，或者你是如何克服困难、走出困境的。当你产生高度自我怀疑，并且需要别人提醒的时候，你可以读读这封信。你甚至可以把它打印出来随身携带，或者放在你的梳妆台、床头柜上，随时提醒自己你具备的善良品德和自我价值。

亲爱的_____（你的名字）

_____

_____

_____

_____

_____

_____

_____

_____

爱你的_____（你的名字）

结论

在自我关爱之旅中，每个人都会遇到充满自我怀疑的减速带和坑洞。释放消极信息，我们不仅能从过去限制自己的根深蒂固的想法中获得自由，还会感到自己变得更强大，如同被赋予了力量。这些消极的想法、理念通常源自童年创伤、不健康的关系以及周围世界的负面信息，它们会通过制造不安全感，将其内化成"我们不够优秀"等声音来影响我们。释放自我怀疑是自我关爱的一种行为。允许自己变得脆弱、努力使自己从积重难返的状况中解放，这是值得庆祝的事。现在是激动人心的时刻，我们为自我关爱、为自我价值、为设立边界、为自我认可打下了一个更加坚实的基础。

爱自己，始于悉心呵护自己。

第 6 章

构建自我价值

成为自己的头号粉丝

我将继续踏上冒险之旅，转变思路、拓展思维、开拓视野，拒绝标签和刻板印象，释放真我并勇往直前。

——弗吉尼亚·吴尔夫[1]（Virginia Woolf）

通过释放自我怀疑，我们为构建自我价值创造了空间。构建自我价值如同建造一所房子，首先，我们需要正确的工具和坚实的地基。当我们告别了自我怀疑、纾解了不安全感后，就能打下坚实的地基。增加自信的工具包括积极的自我对话、承认自己的天赋和优势、爱自己和欣赏自己（这里的"自己"包括我们的身体、心灵和思想）。考虑到很多女性难以接纳和喜爱自己的身体，本章还将继续关注对身体形象的认知。

[1] 又译作"伍尔夫""伍尔芙"。——编者注

修葺你的自我价值花园

在构建自我价值之前，你必须想清楚，收获一个缤纷多彩的自我价值花园需要哪些种子？请在下面的横线处列出你认为对提升自我价值有用的种子，你也可以随意添加其他可选的种子。

充满善意地自言自语　　积极正向地思考　　为自己腾出时间　　尝试新事物　　努力　　悦纳自己的身材

做出自己的选择　　　　做出自己的选择　　　　做出自己的选择

_____　　_____　　_____

_____　　_____　　_____

小贴士

当你发现自己开始自我批判或对自己的身体不满意时，这里有一个有用的小技巧，就是注意自己的眼睛。当一个人处在批判、挑剔的状态时，他的眼睛会变得更小，更容易把焦点集中在不完美的地方。所以，你不妨放松眼睛和面部肌肉，使眼神变得柔和起来。让这种更加柔和的感觉来接管消极的想法，把注意力从局部拓展到整个区域，注意不做任何批判。现在你感觉怎么样？

自我价值温度计

根据你目前的所知所感，请把你的自我关爱水平用彩笔标注在下面的温度计里。情况有改善吗？还是变得不如之前了？请写下你的感受。

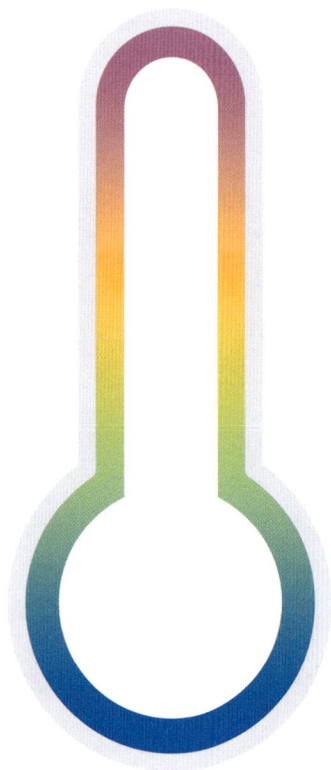

我爱我自己，我知道我值得被爱，值得拥有一个好归宿。

在大部分时间里，我都能爱自己，并且能不断进步。

我正在学习自我关爱，虽然有些困难，但感觉很值。

我觉得自己不值得被爱，我也不确定自己能给予别人什么好东西。

迄今为止，我对自己取得的进步有这样的感受。

_____

_____

_____

_____

一年后、五年后、十年后，我的生活

想象一年、五年、十年后的生活，你的梦想和希望是什么？你理想的生活是什么样的？请在横线处把它们描述出来，并阐述你将如何实现这个目标。

一年后，我希望：_____

_____

五年后，我希望：_____

_____

十年后，我希望我的人生看起来是这样的：_____

_____

回归自然

去大自然里做这个练习，同时观察周围。记住，你只需要做一个观察者，关注不同的颜色、形状、声音、气味和你的感受。欣赏那些平日里因为太忙而没有留意过的细节，留意声音和景象，特别是在鸟儿鸣叫、微风拂面时，完全打开你的感官，全情投入练习。置身于大自然能让我们感受当下，与周围的世界紧密相连，这有助于缓解过度思考带来的压力，释放自我意识。停下来，享受这一刻吧。

自我价值食谱

请给自己拟定一份特别的食谱。一定要用最好的食材，也就是能让你感到快乐和独一无二的原料。如果没有头绪，可以请教朋友或者家人，问问他们你拥有哪些品质和才华。

示例：自我价值的原料

1 杯真诚

1/2 茶匙坦率直言

1 汤匙幽默

3/4 杯悦耳的声音

适量创造力

你的自我价值原料：＿＿＿＿＿＿＿＿＿＿

1 杯＿＿＿＿＿＿＿＿＿＿＿＿＿＿＿＿

1/2 茶匙＿＿＿＿＿＿＿＿＿＿＿＿＿

1 汤匙＿＿＿＿＿＿＿＿＿＿＿＿＿＿

3/4 杯＿＿＿＿＿＿＿＿＿＿＿＿＿＿

适量＿＿＿＿＿＿＿＿＿＿＿＿＿＿＿

将前面四种原料混合均匀，最后加点"调料"起调味作用，然后烘烤至自我关爱和自我价值达到理想的成熟度。现在，与全世界分享这一美味吧！

找到灰色地带

非黑即白，全有或全无，这种思维会让我们构建自我价值的过程变得艰难、曲折，此时，我们可以通过寻找思想中的灰色地带来帮助自己。要做到这一步需考虑两点：使用更加中性的语言，专注于学有所成的事实和已经取得的进步。这样一来，我们就能在两个极端中找到一个中间点，运用一种更现实、更平衡、更温和的方式来审视自我。请在下面的练习中把非黑即白的观念放到对应颜色的方框里，将中间立场填在灰色地带内。

凡事我都力求完美	我尽我所能但有时也会犯错	我总是会把事情搞砸

什么时候我真正在做自己

想象一个场景，在这个场景里，你觉得自己充满活力，完全可以率性而为。现在请在下方描述这个场景。你在做什么？谁在你身边？你有什么想法？你的身体有什么感觉？最重要的是，如何拥有更多类似的时刻？

场景描述：

_____

_____

_____

_____

如何拥有更多类似的时刻：

_____

_____

_____

_____

享受简单的乐趣

孩子们对周围的世界怀揣着一颗令人羡慕的好奇心。小时候，我喜欢追着蝴蝶转来转去，直到头晕目眩；我还喜欢在后院的竹林里玩耍打滚。那时，我能天马行空地畅想未来，自由地探索世界，并且享受大自然赋予的简单乐趣。随着年龄的增长，在回首过去时，我发现正是自己的童年时光帮我提升了自我价值。请在下面的方框里画一些你小时候喜欢的事物。这些回忆可以帮助我们进入内心深处的奇异之地，要知道，在世界影响我们的自我认知以前，这个奇异之地已经呈现一派生机勃勃的景象了。

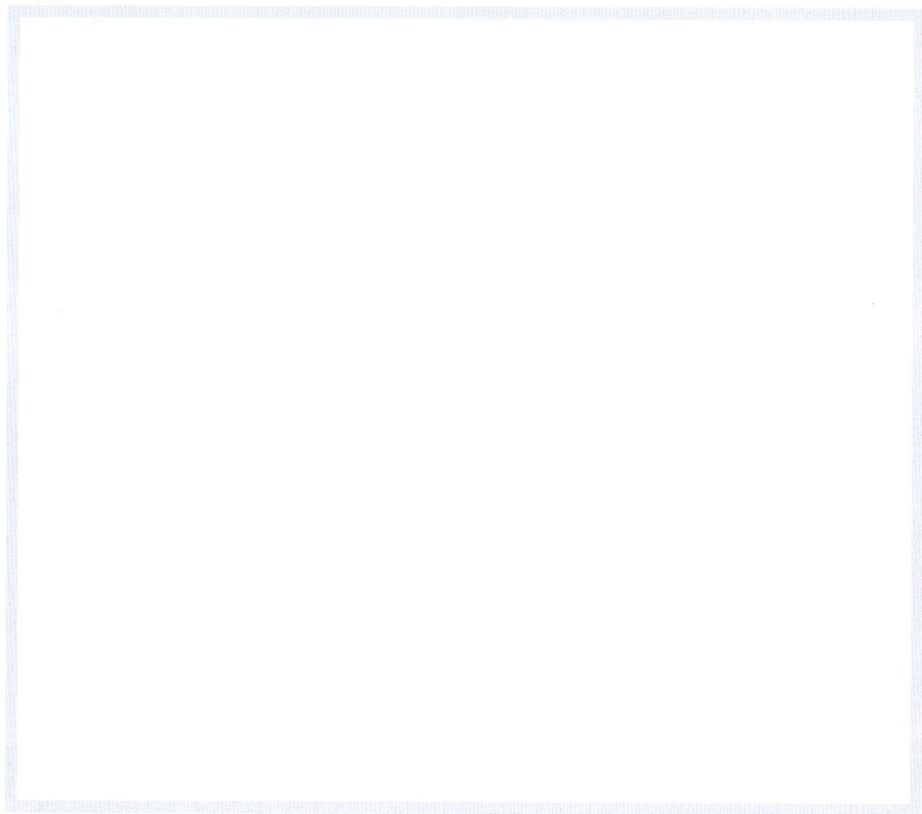

增加爱好

我们常为了生计而四处奔波，为了快人一步而劳劳碌碌。爱好不仅能让我们对目标和意义有更真切的感受，还可以让我们放松和享受生活。请在下列活动里选出自己喜欢的一项，提上日程，再继续物色新的爱好。我建议你每周尝试一个新爱好，看看哪些最令你快乐。

园艺　　　　打扫庭院　　　　阅读　　　　缝纫

拼图　　　　手工　　　绘画

收集古董　　　骑自行车　　　志愿者活动

爬山　　　　摄影　　　涂色

玩乐器　　　划独木舟　　　跑步

_____　　_____　　_____

"霸占"空间

无论身在何处，当人们感到自信和安全时，他们总会放松身体，这也意味着在一定范围内，他们的身体可以占据更多的空间。现在，请观察你的坐姿，看看你的胳膊和腿是怎么摆放的。注意你的姿势、面部表情以及眼神。下面列出一些场景，想想你在这些场景中可能会有怎样的行为举止。你介意被人看到吗？你能占据更多空间吗？你对自己的身体姿势感到舒服吗？

排队：_____

_____

坐在候诊室里：_____

_____

坐在家里的沙发上：_____

_____

乘坐公共交通工具：_____

_____

走在街上：_____

_____

给自己的身体写一封情书

对女性来说，有一个问题特别棘手，那就是如何爱自己的身体、爱身体原本的样子。社会压力及各种修图后的完美形象让我们自惭形秽，转而开始苛责自己的身体。请在下面的横线处写上对自己的身体善意、积极的评论，反驳那些外界传递的负面信息。

亲爱的身体：
此时此刻，我很欣赏你的样子，并且很感激你为我提供的各种机能。我爱你，因
为你_____

_____

而且，你强壮有力。一直以来，你都凭借着_____

_____来照顾我。

腿，谢谢你，因为_____

胃，谢谢你，因为_____

_____。我知道，曾经有好几次，我都因

为_____而惩罚你。

未来，我将更有爱心、更感恩地对待你。我爱你，因为你是我的一部分。我很感
激你，因为有你，我才能做到这一切，比如_____

_____

_____

爱你的_____

感恩式身体扫描

1. 选择一个舒适的姿势，可以坐着，也可以躺着。

2. 闭上眼睛，做几次深呼吸，当你感到自己进入状态时，就放松下来。

3. 从头顶开始，注意头部的感受和知觉。向大脑发送爱的信号，感谢它为你提供的机能，让你可以思考和行动。欣赏自己的面部，并感谢每一个器官：你的嘴巴、鼻子、眼睛和耳朵。感谢它们为你做的一切，欣赏每一个器官的独特之处。如果你发现你又想批评自己，或者产生了消极的想法，请留意并观察这种感受，别做任何评价，让注意力重新回到练习中。

4. 接下来，顺着脖子，来到你的胸部。注意你身体的这个地方，对你的胸部以及它为你做的一切表示感谢。然后观察你的手臂、手和手指，感谢它们为你做的一切，比如，拿东西、搬家等。

5. 现在，注意力来到你的胃，好好欣赏这一部分。感谢它帮你消化食物、保护其他内脏等。如果在日常生活中，你讨厌它、责备它，甚至不体贴它的付出，请向它道歉。同时告诉它你正在学习欣赏、感激自己的身体，其中就包括欣赏和感激它。

6. 接下来是你的下半身。感谢你的臀部给了你一个"坐垫"，并且帮你排出体内的废物。

7. 注意力来到你的腿，感谢你的腿为你所做的一切，从腿到脚，感谢它们为你走路、跑步等做的辛苦工作。

8. 无论你的身体如何、功能怎样，都要向它表达深深的感谢，欣赏自己的独特之处，你就是独一无二的自己！

8 个关于自我价值的旧论调

以下是关于自我价值的旧论调，请用更积极的信念纠正它们。

1. 既有自我价值又不自私是不可能的。

_____

_____

2. 我应该爱别人胜过爱自己。

_____

_____

3. 别人都比我重要。

_____

_____

4. 我必须在帮助自己之前先帮助别人。

_____

_____

5. 别人对我构建自我价值发挥了很大的影响。

_____

_____

6. 我的自我价值与我所犯的错误有关。

_____

_____

7. 取悦别人很重要，并且值得一做。

_____

_____

8. 我的自我价值来自别人对我的看法。

_____

_____

做自己的头号粉丝

我在下面罗列了一些积极的表述，它们可以帮助你变得更自信。请把它们通读一遍，选出你最喜欢的或者现在最能引起你共鸣的表述。根据个人经历，你还可以在横线处添加自己特有的感悟。把它们贴在显眼的地方，每天花点时间来反思一下。

我很坚强，我很有能力。

我的意见很重要，而且我乐于分享这些意见。

我的感受是有根据的，也是重要的。

即使我犯了错，我也值得犒赏。

我能挑战困难的事。

我是个善于解决问题的人。

我值得被尊重。

我值得被爱。

我每天都在学习爱自己。

我尊重我的天赋和优势。

我很特别，我是独一无二的。

_____

_____

_____

_____

_____

_____

评估美容产品资讯

在这个练习活动中，你需要关注杂志、电视、互联网上的商业广告。仔细看看里面的人物，她们是不是没有体毛、毛孔、皱纹、斑点和脂肪团？注意这些模特的穿着和衣服尺码，回想一下你看到这些照片时的感受。你想买这个产品吗？你是不是拿自己和模特做了比较？如果你觉得自己很有能力，那就试着给杂志编辑或美容产品公司写封信，把你的感受和经历告诉对方。

自我价值跟踪器

让我们看看，一周内你能用友善、仁慈和关爱的方式和自己进行几次对话。如果有一天，即使你犯了错，你依然能用友善温和、积极向上的方式对待自己，那就在当天的日历里标记一下。下面是一些积极的肯定句，每天念一遍，可以帮助你肯定自己。

我正在全力以赴。

我为自己感到骄傲。

我做得很棒。

我变得越来越强大了。

这很难，但我可以完成。

我有麻烦了，但这只是暂时的。

星期一	星期二	星期三	星期四	星期五	星期六	星期日

从消极的经历中学习和成长

当我们犯了错，或者言行举止不符合我们的价值观时，对自己失望的感受就会涌上心头，这时是很难感到自我价值的。在这种情况下，我们要认识到自己只是普通人，更要练习自我关怀和自我原谅。从经验中汲取教训，意识到自己可以在哪方面获得成长，就是一种很好的方式。请在下面的横线处写下相关场景，同时在对应的位置上写下你得到的教训，然后用友善的方式表达出来。

为了取消计划，我撒了一个无伤大雅的谎。

我知道这样做有悖于我的价值观，我正在学习如何做出更好的选择，可能为了做得更好，我给自己施加了太大的压力。

做演讲时我愣住了。

愣住本无所谓，一言不发也没关系。

没人愿意和我出去玩。

紧张时冷场是很正常的一件事，我可以学着放松，管理我的焦虑情绪。

我考试作弊了。

一个人在家也没关系，我刚好可以利用这个时间来享受和练习自我关爱。

_____

_____

_____

_____

_____

_____

_____

_____

接纳你的真实感受

感受并无好坏之分，任它来去即可。培养自我价值的方法之一是提高对自己和自己情绪的认知。通常，当我们压抑自己的感受时，我们可能会转而用不健康、不合适的方法来麻痹自己。这种反应会导致不健康的关系、带来破坏性的应对机制。在这个练习中，你将有机会了解自己是如何体验不同的感受的。当你体验任何一种情绪时，首先要注意你的身体有何冲动，其次是你会有何反应。

感觉	身体冲动	反应
愤怒	打、挥拳、大喊	深呼吸、放松身体、走开
悲伤	_____	_____
恐惧	_____	_____
喜悦	_____	_____
厌恶	_____	_____
惊讶	_____	_____
嫉妒	_____	_____
沮丧	_____	_____

创建积极的自我价值循环

粉红色图形里的表述形成了一个循环。它展示了消极的自言自语及不舒服的感觉是如何产生破坏性的应对机制并使我们试图取悦别人的。请在蓝色的图形中创建一个新的、健康的自我价值循环。

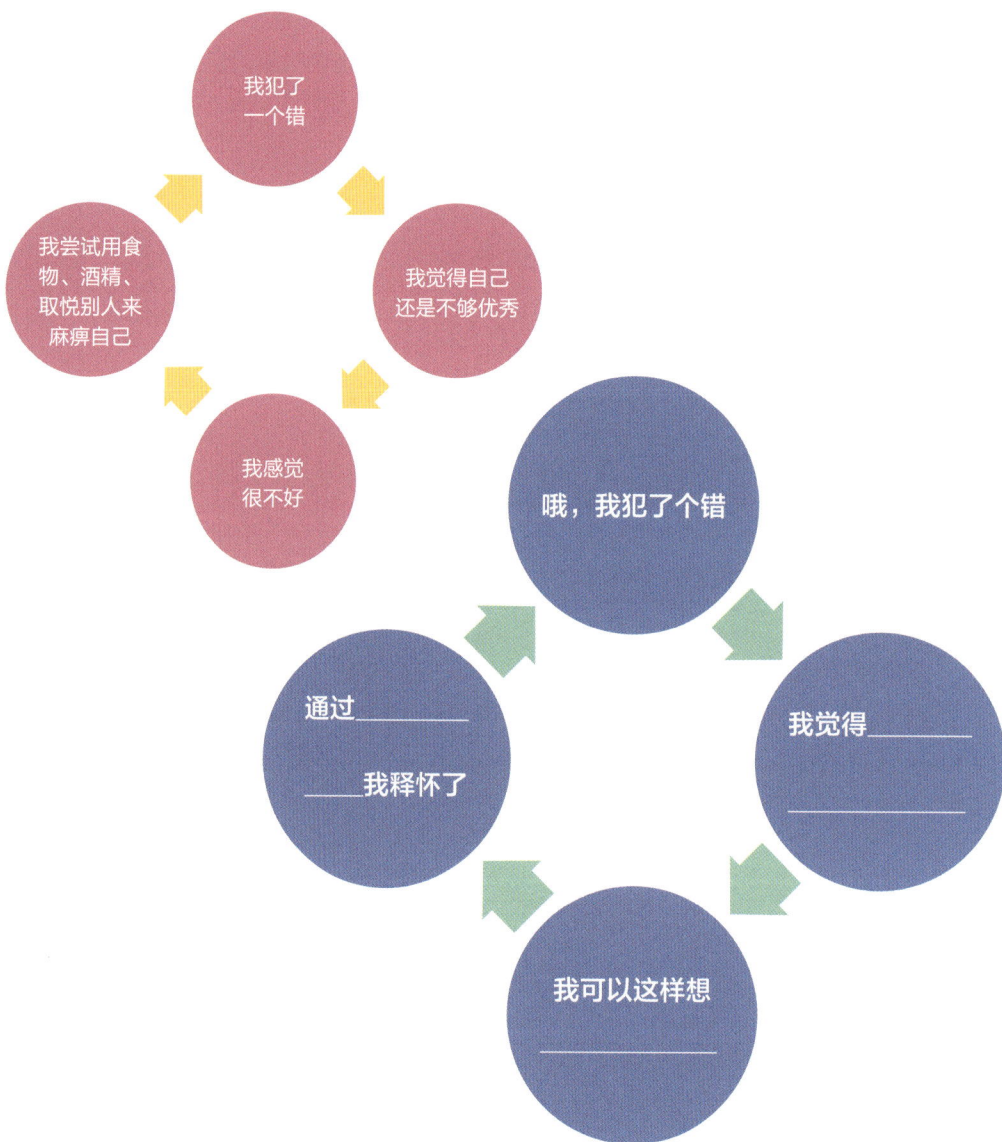

我犯了一个错

我觉得自己还是不够优秀

我尝试用食物、酒精、取悦别人来麻痹自己

我感觉很不好

哦，我犯了个错

我觉得_____

_____

通过_____

_____我释怀了

我可以这样想

_____

结论

恭喜你完成了这一章的自我关爱之旅。迄今为止，你已经看到了自我价值是如何构建的以及如何付出努力并坚持下来。在通常情况下，我们很容易陷入旧的消极模式和想法中，这就需要我们持续不断地用友善、温和的方式来与自己对话，也需要我们从往日遇到的挑战、错误中学习和成长。

一旦打下了坚实的基础，我们就会审视我们和他人之间的互动关系，自我关爱的一部分就是创造并维持积极、健康的关系。在下一章，我们将讨论如何建立健康的关系，如何设定边界，如何进行清晰、自信的沟通。系好安全带——下一章有可能改变你的人生哦。

> 我的到来，让世界变得不一样。

第 7 章

修复疗愈

你有多爱自己，别人就有多爱你

你爱自己的方式就是你教别人爱你的方式。

——露比·考尔（Rupi Kaur）

随着自我关爱之旅的深度展开，我们将有机会审视我们和其他人的关系或联结。本章将重点讲述如何区分健康和不健康的关系，以及在生活中如何设定和维护边界。作为照顾者，女性倾向于优先考虑别人的感受，而不是自己的需求；同时因为不够自信，又容易掉入取悦别人的陷阱中。这种不断否定自己的感受和需求的方式，会导致怨恨或其他有害的动态[1]（toxic dynamics）。而女性这种不断否定自己的感受和需求的行为，不仅会让自己心生怨恨，还会让自己处在持续不断的、有害的动态中。

自我关爱包括开始接受、尊重、传达我们的需求和愿望。当我们这样做时，我们与自己、与他人的关系就会发生改变。打开自我关爱的大门，用健康的、友爱的、平衡的方式对待自己和他人吧。

[1] 相对于静态，动态强调的是不停地变化。在心理学中，它的侧重点主要集中在个人动机、倾向、兴趣和冲突等动态方面。——译者注

如何在关系中呈现自我关爱

与自己保持健康的关系会对你和他人的关系带来什么样的影响呢？现在，我们就来探讨这一点。下面列出了前面章节提到的自我关爱的关键组成部分。请思考它们是如何在人际关系中呈现的，举例说出每一个概念的消极表现，并说明如何做出积极改变。

	消极表现	积极改变
自我价值		
自我尊重		
自我关爱		
自我关怀		
自我原谅		

不健康关系清单

学习自我关爱时，全面评估我们主要的人际关系是一件很重要的事情。尽管我们可以安于现状，满足于现有的关系，但当我们真正开始反思，关注信任、沟通与自我怀疑的模式时，我们就可以识别那些与自我关爱能力相冲突的危险信号。

当一段关系中权力失衡、失控，但我们选择视而不见时；或者关系双方缺乏信任和尊重时，我们就会陷入不健康的模式中。一开始，这些危险的行为会削弱自尊，继而导致我们跌入一个永不停止的不良循环。在自我关爱无法生根发芽的贫瘠环境里，会滋生有害、有毒的关系。相反，如果你花时间去解决这些问题，就可以把荒地变为沃土，把问题变成生活的跳板。试想，在你的人际关系中，是否存在以下行为。

❑ **煤气灯：** 告诉你发生或未发生何事，把你了解到的事实歪曲成捕风捉影的事情，让你产生自我怀疑。

❑ **侮辱：** 语言贬低，对你恶语相向，用带有侮辱性的字眼称呼你。

❑ **操纵：** 不顾你的需求，通过操纵你来满足他们的需求。

❑ **控制行为：** 他们控制你可以和谁聊天、可以聊多久，决定你该做什么、穿什么、有什么样的感受和想法。

❑ **嫉妒：** 假意嫉妒，让你觉得这个人是爱你的。而事实上，这是一个不安全的信号。

❑ **恐吓：** 让你相信这个人会在情感上、社交上、身体上伤害你。

❑ **不信任：** 表现出质疑、怀疑你的动机或行为。

❑ **漠视：** 让你感觉自己不被倾听或不被理解。

健康关系三重奏

当我们学会定义一段健康的关系时，我们就能更好地理解在生活中自己可以拥有什么。在这个练习中，三个圆圈分别代表健康、平等的关系的关键组成部分，即信任、互惠、尊重。

信任是健康关系的基本要素。它包括相信一个人是真实的、可靠的和诚实的。互惠，指的是两个人的能量投入和产出可以达到平衡。尊重，包括用善意和热情来欣赏彼此。当然，最好、最有效的表现形式是，在关系中，这三个组成部分能互相往来、彼此流动。

想想你目前的人际关系，它们也许是你与朋友、同事或家人的关系。思考一下在你们的关系中，信任、互惠和尊重是如何存在和运作的，请在下面的横线处写下来。例如，"当有人说他们说到做到时，信任就在关系中建立并保存了下来"。

信任

_____

_____

_____

互惠　　　　　　**尊重**

_____　　_____

_____　　_____

_____　　_____

10 个信号，让你从边界中获益匪浅

边界有各种各样的形状、大小和形式。物理边界为我们创造空间，控制我们身体的活动范围；而情感边界则对我们的感受负责。一旦发生功能过度[1]（overfunctioning）、取悦他人和纵容他人的情况，侵犯边界的情况就有可能出现。有人认为，只要远离他人、不允许他人控制和操纵自己就能拥有一段健康、稳定的关系，但不健康的关系往往是双向发生的。当我们主动为他人的感受承担责任并且照顾他们的情绪时，也可能产生侵犯边界的行为。这些破坏性的行为可能导致潜在的怨恨、愤怒、自我价值感偏低、失望和关系中的权力不对等。自我关爱则能提供健康、清晰和有分寸的界限。下面的表述反映了两种确立边界的方式：太弱或太僵化。如果以下情况在你的生活中出现过，请把它们标记出来，并在横线处举例说明。

1. 当别人不按照我的要求去做时，我会生气。

_____

_____

2. 我有责任确保每个人都快乐、幸福。

_____

_____

---

[1] 过分关注别人的问题，不请自来地给别人提建议或帮忙，把别人的事情和责任当作自己的。——译者注

3. 我经常在人际关系中感到怨恨和愤怒。

_____

_____

4. 别人应该在我开口之前就知道我的内心需求。

_____

_____

5. 我不应该打扰别人、给别人添麻烦。

_____

_____

6. 给予、帮助别人，是让我独一无二、让我觉得有价值的行为。

_____

_____

7. 我把自己的需求置于他人之后。

_____

_____

8. 我不会让别人了解真正的我。

_____

_____

9. 如果别人知道我在想什么，他们就会不喜欢我。

_____

_____

10. 我不信任别人，总是封闭自己，总想尽早从关系中抽身而出。

_____

_____

扮演说"不"的角色

你是不是很难拒绝别人的请求？拒绝别人会让我们感到不舒服，特别是当我们觉得他会因此而生气的时候。有时候，我们不相信自己的需求才是至关重要的，所以，在自我关爱的练习中，学会说"不"是一件非常重要的事情。有些人觉得要给拒绝找一个理由或者借口，但恰巧相反，这不是必须的，说"不"无须理由。你不必为自己辩解，你的目标就是让你对自己的决定充满自信。

拒绝别人无须理由。下面列出了相关表述。在这个练习中，请想象一个场景，你站在镜子前，说出下面的话，或说出你能想到的其他回答。你也可以在现实生活中找一个伙伴，进行角色扮演，根据不同的情形随机应变，增加说"不"的信心。

说"不"的表述

抱歉，我无法完成。
感谢您的邀请，但是，我已经有别的计划了。
我现在不能给您一个准确的答复。

让我先考虑一下，然后再回复您。

不，我不能那么做。

我暂时还不能答应您，但未来我会考虑的。

感谢您的信赖（或赞美），但我不能贸然答应。

不，这对我来说没用。

让你的边界保持稳固

以下表述是让你大声说出来的肯定句。站直，挺胸，像神奇女侠一样两手叉腰，用响亮、清晰的声音把它们说出来。同时，为了提醒自己设定边界是一件很棒、很健康的事情，你可以把这些表述存在手机里，或者贴在目之所及的地方。

· 我的各种感受彼此相关，而且都很重要。

· 我有权为自己发声，而且这样做是合理、合法、有效的。

· 别人的言行举止是他们内心的投射，而不是我的。

· 拒绝无须理由。

· 当我不知所措时，我要设定边界；当我六神无主时，我更要设定边界。

· 我没必要待在一段不健康的关系里。

· 我应该得到尊重。

· 我可以坦言我的需求和意愿。我能坦诚地表达需求，并且要求这些需求得到满足。

· 如果别人拒绝我或者没有按照我喜欢的方式回应我那也没关系。

· 别人的回复不一定合我心意。

· 我满足自己的需求不是自私，更不是不善良。

表达需求的 4 个步骤

确立了自身价值，并且意识到我们可以追求我们想要的东西后，接下来就要学习如何做了。这里提供的 4 个步骤或许对你有所帮助。

1. **把注意力集中在你希望发生的事情上。**你的目标是什么？也许是想被认真对待、请求协助或直接要求某人做某事。

2. **直截了当地描述你的情况，说出你的需求。**根据关系的不同，你可能需要向对方解释原因、诉说你的感受，好让对方理解和支持你。

3. **专注于你想要的。**有时候，别人会拒绝你的请求。要知道，他们有权这样做。当这种情况发生时，你依然要把目标放在首位。

4. **如果对方愿意考虑你的需求，请表示感谢。**至于他们是否真的会帮忙，其实并不重要，但你依然要表达感谢。

请思考目前你与朋友、伴侣、同事的关系，按照以上 4 个步骤，参考下面的范例，在横线处写下你的需求。

1. 在人际交往中，确定你想实现的目标。比如，我想去那家很特别的餐厅吃晚餐。

_____

_____

2. 用简明扼要的语言提出自己的需求。比如，我想去意大利餐厅吃晚餐。

_____

_____

3. 专注于目标。比如，对方可能会说他上周已经吃过意大利餐了，他建议去另一家餐厅，你可以说："我希望我们今晚就能去吃意大利餐，我们不妨改天再去你说的那家餐厅？"

_____

_____

4. 对他人愿意考虑你的请求表示感谢，比如，你可以说："谢谢你愿意陪我吃意大利菜。"

_____

_____

停止道歉

很多女性都习惯性地说"对不起"，即使没犯错，她们也会表达歉意。你有没有发现，自己曾为一件没有做错的事而道歉？请考虑这个场景：一位女士走进杂货铺，仅仅因不知道芥末在哪里而向店员道歉。这种情况下，其实没有必要道歉。与其道歉，不如试着致谢。"对不起，你把芥末放哪儿了"可以变成"你知道芥末在哪儿吗？谢谢你帮我找"。

3 种沟通方式

人们主要使用3种沟通方式。根据语境和实际情况，每种方式都有其目的和作用。

被动式沟通是指一个人不主动提出他的需求，也不拒绝他不想要的事情。如果身处暴力环境，面对施暴者，这种被动式沟通可以让我们避开伤害并生存下来。究其原因，被动式沟通可能源于人类受到威胁时做出的创伤反应。

攻击式沟通更像对威胁的战斗反应。这种反应可能包括提高音量、言辞更犀利、肢体动作更夸张。有时候，攻击式沟通会招致威胁、恐吓或攻击。

自信式沟通是使用冷静、礼貌、合理且坚定的话语，配合放松和恰当的肢体语言。

有时候，过去的创伤会影响我们的情绪和沟通方式。像其他动物一样，为了生存，人类的大脑具有战斗、逃跑或僵住 3 种反应机制。有时候，逃跑和僵住反应机制会导致被动式沟通，战斗反应机制则可以表现为攻击式沟通。在创伤久治不愈的复杂情况下，还有第四种反应机制，即讨好奉承，比如用取悦他人的方式来避免冲突。

请在下面的场景中判断这个人使用的沟通方式。

1. **我不想打扰我的朋友，所以我没有给她打电话请她帮我换轮胎。**
   被动式沟通　　　　　攻击式沟通　　　　　自信式沟通

2. **儿子没能在学校演出中争取到角色，我很生气，所以我打电话给老师，对她大喊大叫。**
   被动式沟通　　　　　攻击式沟通　　　　　自信式沟通

3. 前面那辆车开得太慢了，我大声按喇叭，并冲上前去。

被动式沟通　　　　攻击式沟通　　　　自信式沟通

4. 我点了一个全熟的汉堡，拿到后看到肉还带着血丝，所以我礼貌地问服务员，能不能给我做一个全熟的汉堡。

被动式沟通　　　　攻击式沟通　　　　自信式沟通

5. 看到有人占了两个停车位，我威胁说要揍他。

被动式沟通　　　　攻击式沟通　　　　自信式沟通

6. 当我学习的时候，我让我的伴侣把电视音量调低。

被动式沟通　　　　攻击式沟通　　　　自信式沟通

7. 我不想打扰女服务员，所以我没要求续杯。

被动式沟通　　　　攻击式沟通　　　　自信式沟通

答案

1. 被动式沟通；2. 攻击式沟通；3. 攻击式沟通；4. 自信式沟通；

5. 攻击式沟通；6. 自信式沟通；7. 被动式沟通。

什么是依赖共生

20 世纪 80 年代，梅洛迪·贝蒂（Melody Beattie）写了一本书叫作《放手：走出关怀强迫症的迷思》（*Codependent No More*）。在这本书里，梅洛迪对"依赖共生"（codependent）做了更具普适性的解读与理解，并且将它的定义拓展到成瘾以外的现象。当一种依赖共生的关系发生时，其中的边界会随着时间的推移而变得模糊不清。每个人都依赖对方，并且认为自己有责任控制他人的行为或情感。另外，拯救、取悦他人、修复、功能过度等行为动态都可能导致依赖共生。一些人有着复杂的创伤史，他们通过奉承、迎合他人的感受和行为得以生存，但长此以往，这种否认自己的感受和行为模式可能会侵蚀健康关系的关键组成部分——信任、互惠和尊重。对于有些人来说，他们爱得太深，以至于失去了自己。在这种情况下，自我关爱就难以为继。

请试着描写一段亲密关系。也许它出自一部电影、一本书、你的家庭或你现在的关系。如果愿意，你甚至可以自己编一个。同时，请考虑每个人从这种关系动态中得到了什么。

取悦他人

取悦他人，意味着把他人的感受、愿望、需求凌驾于自身之上。出于一种"珠玉在侧，觉我形秽"的心理，我们迫切希望将事情做到最好。

有时候，取悦他人的行为并不是很明显，你可能在不知不觉中就做了这件事。请举例说明你取悦别人的方式。

职场：_____

_____

亲密关系：_____

_____

朋友关系：_____

_____

原生家庭：_____

_____

目前家庭：_____

_____

社会关系：_____

_____

消除不必要的羞耻心

在探索自我关爱的过程中，那些内化了的、根植于羞耻心和无价值感的有毒想法常会显现。正如我们在前几章所探讨的那样，各种各样的信息会定义我们的价值感，所以，解读和消化这些信息是很重要的一件事。不必要的羞耻心是有毒的，它来自我们觉得自己不够优秀这种想法，意味着我们觉得自己不值得被爱、不值得与人为伴、不值得获得成长、年岁渐长却诸事不济。与内疚不同，内疚会促使我们做出和自身价值观一致的选择，但是不必要的羞耻心则让我们感到沮丧和麻木，继而产生有害的行为、想法以及不健康的人际关系。作为自我关爱的一部分，有这样的意识很重要，即"犯错、有缺点是人之常情"。

在这个练习中，请在下面的方格里填上你犯错的时间，以及你的想法是如何引发不必要的羞耻心的。

我犯了一个错	内疚	"我不好"的想法	羞耻心

错误: _____	内疚	想法: _____	羞耻心

完成练习后，请思考要如何运用这些信息。如果感到内疚，你会做哪些事？你会用什么理念来对抗那些根植于不必要的羞耻心的想法？请回顾你以前练习过的正面评价和自我关怀，选择你最喜欢的策略，并将其应用于此。

追求无望的关系

在缺乏自我关爱和充满不安全感的环境中苦苦挣扎的女性，往往会发现自己总是扮演着追求者的角色，而且这种状态经常出现在职场、家庭、亲密关系中。究其原因，往往是她们希望别人感觉自己很特别，让对方相信自己的价值，这种渴望会让她们陷入一种"不停追求对方"的循环模式中。这种模式看似是在不断帮助对方、事无巨细地关怀照顾对方，其实是想尽各种办法，希望对方能注意到自己。在职场中可能表现为不断地想要被注意、被认可，或者需要用出色的工作表现来证明自己；在家庭中可能表现为牺牲自己的利益来满足其他家庭成员的需求和喜好；在友谊和亲密关系中可能表现为总是搁置自己的事情，去给别人帮忙，有时候别人甚至还没开口，自己就伸出了援手。通常，在此情况下，被追求者会抽身离开，这会让追求者感到更多的拒绝和不安全感，这种根植于别人对自己的看法、不断变化的动态，演变成一个陷阱。被追求者越是避之不及，追求者就越是穷追不舍；被追求者越是疏远，追求者就越依赖他们，而且会觉得自己很有价值、很独特。

如果你发现自己陷入了这种模式，请在下面描述这些场景。

_____

_____

_____

_____

_____

_____

冲突风格和有害模式

我们之前谈到被动式沟通、攻击式沟通、自信式沟通。在大部分情况下，自信式沟通能培养健康的关系。然而，在某些情况下，我们确实需要被动式沟通和攻击式沟通。但这两种有害的模式会导致一种关系问题，即控制和被动攻击。

一般而言，强势者采取的控制方式是试图让对方感受到某种情绪，从而得到他们想要的东西。这种手段的特点是使用间接或情绪化的语言，而不是采用明确的、直截了当的沟通方式。很多时候，当有人试图影响别人时，他们不会明确地说出自己的愿望或需求，而是会干扰、利用对方的情绪。当果断、自信的沟通方式无法达到预期效果时，某些不合理的行为就会出现。

当我们尝试得到想要的东西时，如果沟通过程不开放、不透明，我们就可能会产生一种被动攻击式的沟通风格。不仅如此，当有些人感到无能为力、无计可施，或者别人更权威、被别人所控时，他们也会采取这种沟通方式。

如果你观察到或者亲身经历过被动攻击式或控制式沟通，请在下面的横线处写出3 次相关情况。

被动攻击式
举例：我的伴侣抱怨房间很脏，我就故意不洗碗，以此来反抗他。

1. _____

2. _____

3. _____

控制式

举例：你没有收到聚会邀请，于是你告诉朋友"没有人喜欢我"。

1. _____

2. _____

3. _____

分析你的依恋风格

确定我们在人际关系中安全感的来源，对于学习与他人建立健康、紧密的联系有很大的价值。阿米尔·莱文（Amir Levine）博士和蕾切尔·赫尔勒（Rachel Heller）在他们的书《关系的重建》（*Attached*）中，确定了在幼儿时期形成的四种主要依恋类型：安全型、回避型、焦虑型和焦虑回避型。[1] 作为成年人，这些依恋类型会影响我们的人际关系，也会影响我们在亲密关系中的舒适度和亲密度。

以下是对四种成人依恋类型的简要表述。

安全型

· 低回避、低焦虑

· 想要亲密无间，崇尚彼此联结

· 没有被抛弃的担忧

· 乐于开放和分享

· 不会过于担心被拒绝、不执着于某段关系

---

[1] 台海出版社 2018 年出版的《关系的重建》详细介绍了安全型、回避型、焦虑型这三种依恋风格。——编者注

回避型

- 高回避、低焦虑
- 喜欢独处，不关心伴侣的去向
- 喜欢自力更生、自给自足

- 不愿意和伴侣建立联结、不愿意公开分享
- 难以信任他人，伴侣希望他们更亲密
- 被视为冷漠和疏离的人

焦虑型

- 低回避、高焦虑
- 在关系中缺乏安全感，并希望跨越对方的边界

- 担心被遗弃和被拒绝，被视为"黏人精"，需要很多关注
- 极度渴望亲密和联结

焦虑回避型

- 高回避、高焦虑
- 经常发出模棱两可的信息
- 想要亲近，但又不愿意公开分享和联结

- 担心因与伴侣过于亲密而受伤
- 渴求伴侣的爱和承诺，同时又对过于亲密感到不舒服

根据这些表述，你认为自己属于哪一种依恋类型？请思考你拥有的各种关系，以及你的依恋风格在这些关系中是怎么表现的。

与浪漫的伴侣：_____

与一个朋友：_____

与其他家庭成员：_____

与一个同事或上级：_____

与一个陌生人：_____

如果你想了解更多信息，可以查阅心理学家克里斯·弗雷利（Chris Fraley）的相关研究。

放下旧念

在这个练习中，想象一下，你正在把关系中的不安全感、自我怀疑、恐惧和挣扎吹进气球里。你想吹多大就吹多大，甚至可以吹得像热气球一样大。待气球充满后，撒手，想象这个装满旧日消极念头的气球正在慢慢飘走，飘到天边，变成一个小黑点，继而消失不见。

请在气球中填上你的恐惧、不安，然后松开手，让它飘走。

13 岁的我

时光倒流，现在回到自己 13 岁的时候。在那时，对你来说什么是重要的？又是什么让你耗费心神？那时，谁对你至关重要？谁在你的生活中扮演着举足轻重的角色？你又做了什么大事？想象自己走进了一家自助餐厅，在四下找座位。

回到现在，你有没有与回忆中的那个年轻女孩有一样的感觉？你有没有发现自己缺乏安全感并且很想融入群体、融入社会？ 13 岁以后，你的自我价值是如何增长的？请分享你的经历，同时提醒自己，作为成年人，你可以通过自我关爱获取力量。

为你的价值观喝彩

随着年龄的增长和心智的成熟，我们的价值观也在不断发生变化。在设定边界、获取健康的关系时，有一点是至关重要的，那就是定期审视我们的价值观，明白哪些事情对我们来说才是重要的。当现实情况与我们的信念产生冲突时，边界的清晰性将变得更加重要。

在这个练习中，请思考：现在什么样的价值观对你来说是重要的？也许是包括信任、真实或诚实等内涵的价值观。有一个技巧可以帮你快速审视价值观。假设有一个大型活动要表彰你，你希望人们用什么样的语言来形容你？

_____

_____

_____

信任的反面是控制

在治疗过程中,我多次对来访者提到"信任的反面是控制"。当我们不信任别人或者怀疑事实时,我们会发现自己启用了控制行为,而这种动态会对人际关系产生持久的影响,因为信任是健康动态的必要组成部分。这种控制行为包括微观管理[1]、过度指导别人怎么做、按照自己的意图影响或改变事情的走向、越界干涉别人的感受。下一次当你发现自己有这些行为时,请考虑一下你在关系中可能会因何事感到失控,或者不信任感是怎么表现出来的,它们是否可以通过设定边界和沟通来化解。请在以下选项中选出你可能使用的控制方式。

微观管理   对别人颐指气使   提建议
                 抱怨不休

修复   拯救   压抑感受   过多干预

        告诉别人   肆意践踏别人的感受
 他们应该有怎样的感受

                拒绝沟通   一不满意就罢工

---

[1] 管理者透过对被管理者(员工)的密切观察及控制,使被管理者完成管理者指定的工作。这个词在使用时一般带有负面意味。——译者注

给自己的感谢信

如你所知，释放自我怀疑、构建自我价值都是需要勇气的。在练习自我关爱、自我关怀时，我们感谢那些在需要时冲出来保护我们的消极情绪。所以，也给你的自我怀疑和不安全感写一封感谢信吧，因为它们可能也在试图帮助你。一定要在最后一行郑重声明，你已经不再需要它们了，"我们就此别过"。

亲爱的不安全感：

_____

_____

_____

_____

_____

_____

_____

_____

_____

_____

与你告别的_____

结论

这一章可能会让你有些不适，因为它让你以一种新的方式来审视你的人际关系。有时候，自我关爱要从改变人际关系开始。培养设定边界的技巧、采用清晰的沟通方式、结束有害的关系可以给你带来意想不到的关系动态和新模式。然而，最重要且可以为之改变的关系，就是你和你自己的关系。当你学会说"不"、坦陈自己的愿望和需求并且能够识别不健康的关系时，自我关爱就能茁壮成长。这将把我们带到旅程的最后一段，也是最令人兴奋的一段。在那里，我们将用所有的努力和诚实打造一个被爱包围的自己。

> 设定边界是一种练习自我关爱的方式。

第 8 章

悦纳自己

你就是这个世界的珍贵礼物

测量体重的工具不再是磅秤，而是力量和微笑。

——劳丽·哈尔斯·安德森（Laurie Halse Anderson）

迄今为止，在了解自己的过程中，你体验到了一些意想不到的紧张和刺激感，也收获了洞察自身的惊喜。在最后一章，你所做的一切努力都将被整合在一起。本章所做的整合将为你提供强大的基础、熟练的技能，可以在未来帮你继续发展、拓展自我关爱。这一章将反映你所取得的成长，并且在"如何成为最佳的自己""如何一以贯之"等方面，为你提供各种方法。我们将继续探索目标和梦想，将视角拓展到你的舒适区之外，寻找下一次旅行的起点。

独一无二的天赋

拥抱自己的一个重要组成部分就是了解自己的天赋、才能和优势。正如我们所讨论的，那些来自别人的积极反馈，有时会成为帮助我们发现新的自我、让我们欣赏自己的证据。请在下面写出你爱自己的地方，别害羞，记住，你是一个有天赋的人。

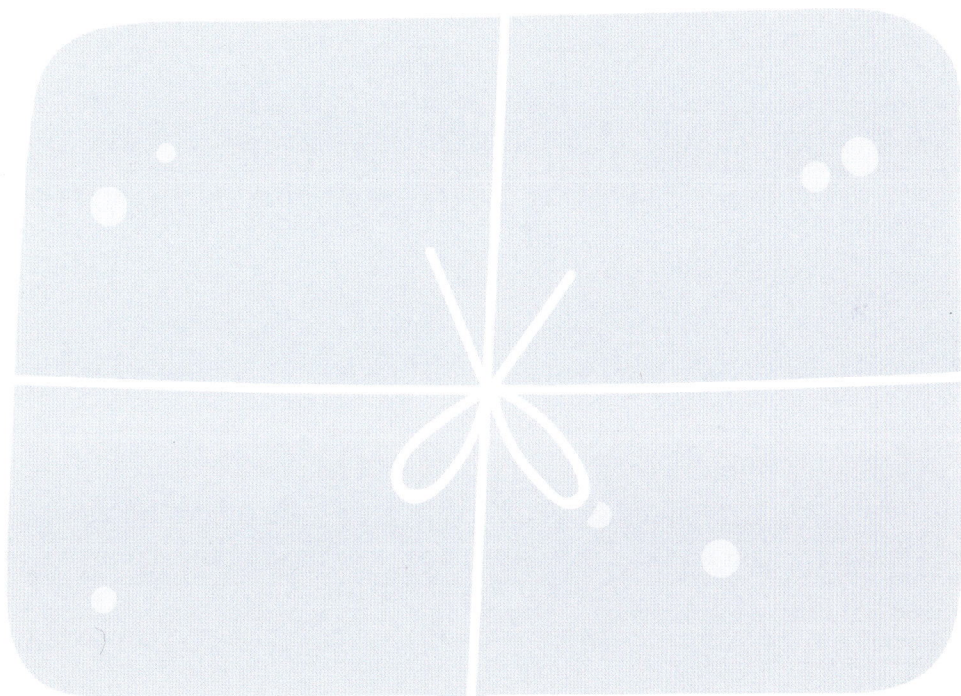

让我愉悦的事情

拥抱自己的另一个重要组成部分就是要全面地了解你自己。认识到自己的天赋很关键，知道什么事情能让我们感到愉悦也很重要。在练习自我关爱的过程中，了解哪些事情能让自己开怀是很有帮助的。请用这些快乐的事情填满下面的爱心，它们可能来自大自然、动物，它们可能是一个创意点子或一段经历，它们也可能就是一件小事，比如每天早上泡一杯茶或者遛狗时发生的趣事。

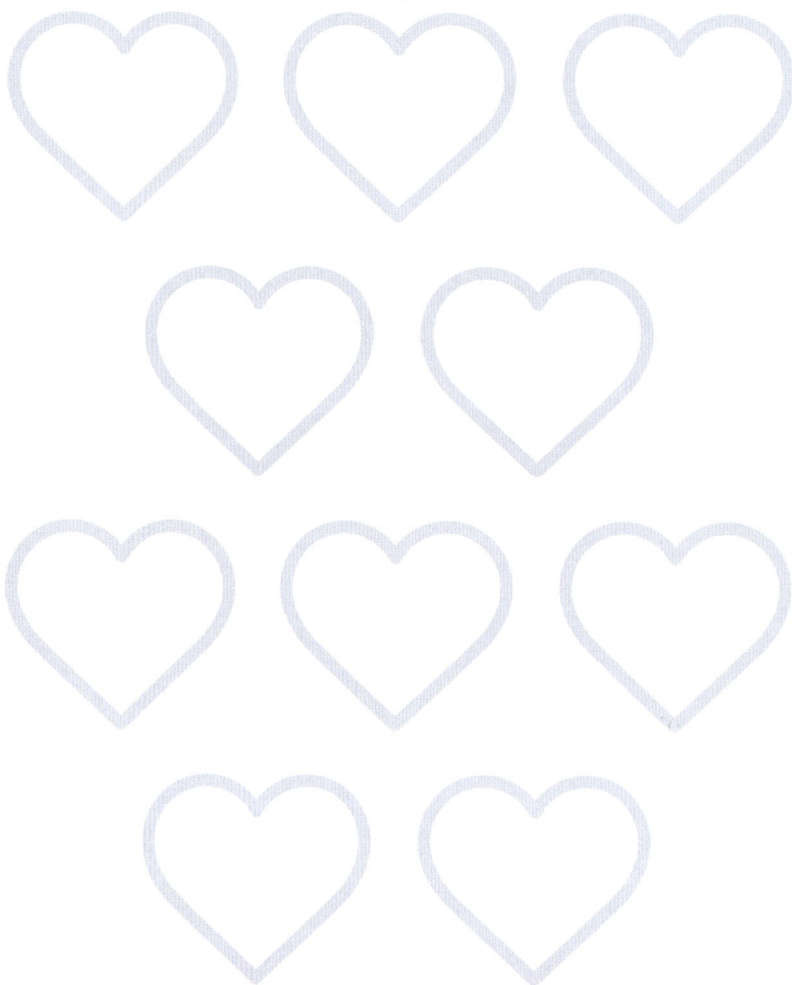

爱你的怪癖

了解并接受自己的缺点和不完美，是拥抱自己的组成部分之一。允许自己不完美，但依然知道自己的价值。当我们怀着包容的心和幽默的态度，运用学习和成长的思维方式时，我们就能尝遍人间百态，历经人间千帆，人生从此拥有无限可能。

有时候，惨痛的教训会留下久治不愈的伤疤，并且看起来十分狰狞。没关系，拥抱我们的不完美和怪癖是自我关爱的重要一步。列出你与众不同的 5 个怪癖或不完美之处。

1. _____

_____

2. _____

_____

3. _____

_____

4. _____

_____

5. _____

_____

旅程中值得感恩的事

感恩的力量可以重塑我们的观点，也能缓解当下疼痛和痛苦的感受。一路走来，不管收获成长还是接受挫折，学会用感激之情来对待世界，可以让我们变得谦卑。当你用自我关爱的方式来拥抱这段经历时，记下其中 5 件让你感恩的事情。

1. _____

2. _____

3. _____

4. _____

5. _____

拥抱自己

正如前几章所言，自我关爱包括用友善、智慧的方式对待自己。请在下面解释你是如何照顾自己的。

身体 _____

情感 _____

财务 _____

精神 _____

社会 _____

想象未来的自己

请在下面的练习中用想象打造一个更成熟、更聪慧的自己。

1. 闭上眼睛，深吸一口气，用鼻子吸气，用嘴呼气。

2. 思考一下，在这一生中，你渴望些什么？怎样才能实现你的梦想？

3. 思考一下，你在哪些方面限制了自己？阻挡你继续前进的障碍是什么？

4. 想象自己正在克服这些障碍，自己在努力向前，你迈出的每一步都让你离梦想更近。

5. 想象一个更成熟、更聪慧、更别具一格的你伸出手来拥抱自己。她对你迄今为止所取得的成就表示赞赏和认可。请尽情想象这个场景：更睿智、更成熟的自己在对你拥有的力量和天赋表达感激之情。

6. 拥抱现在的自己。要知道，未来的自己和现在的自己一直在一起。

排除自我关怀的障碍

在进行自我探索的活动时，我们要评估和衡量各种方法，看它们是否适用于自己，这对你的练习大有助益。在接下来的一系列练习中，我们将花些时间复习自我关爱练习中的核心部分，找出困难的地方，并对你的自我关爱之旅提出可行的调整方法。

看到这里时，回想一下你的自我关怀练习。在这些练习中，你收获了哪些帮助？你觉得哪些部分比较有挑战性？花些时间，找出障碍，思考解决方案。这是一场头脑风暴，对错无关紧要，尽情表达自己吧。

对我适用的方法：

_____

_____

_____

自我关怀练习中的障碍：

_____

_____

_____

改进的方法及建议：

_____

_____

_____

排除正念的障碍

当你拥有了强大的正念练习能力后，你就能活在当下，远离外界的评判，缓解焦虑的情绪。你可以通过自己的努力证明人生是可以改变的。更重要的是，正念教我们悦纳自己，掌握觉察的能力。在这个过程中，我们把地球、空气、周围的环境和内心感受联系在一起，使其成为这张蓝图中的一部分，并且逐步意识到自己可以完美地融入其中。

对我适用的方法：

_____

_____

_____

正念练习中的障碍：

_____

_____

_____

改进的方法及建议：

_____

_____

_____

排除设定边界的障碍

设定边界是一件值得去做、哪怕不舒服也要去做的事情。设定边界会让人害怕和痛苦，尤其是当我们还是个新手时。不过，将设定边界与正念结合在一起，我们就可以摆脱某些不适。现在，让我们思考一下，在设定边界时，哪些方法有效，哪些方法无效。

对我适用的方法：

_____

_____

_____

设定边界练习中的障碍：

_____

_____

_____

改进的方法及建议：

_____

_____

_____

掌握选择权的 5 种方法

练习自我关怀、释放自我怀疑、构建自我价值后，我们就要试着掌握选择权——这能让我们更好地掌控我们的生活。对于如何应对挑战、如何追求目标、如何解决问题，我们有以下 5 种方法。需要说明的是，做任何选择前，我们都要先了解事态和现状。

1. **改变**。通过表达愿望和需求、传达个人喜好，我们有时可以改变现状，但这个方法并不总是奏效，因为我们无法控制他人的情感、思想和行动。尽管如此，在意识到事情需要改变时，我们就必须采取行动了。

2. **容忍**。这一方法包括接受、通过换位思考等技巧处理事情。当然，容忍不代表喜欢。随着时间的推移，它可能转变为第一个方法——是否改变、什么时候改变。

3. **接受**。事实上，改变和容忍都需要接受。这一方法也包括接受不适，即接受那些我们无法改变的事情，即使它让我们纠结和不舒服。接受可以使人平静，但它需要使用强大的正念技巧。接受无法改变的事情会让你感到自己内心的强大。

4. **什么都不做**。这个方法很简单，即不回应、不处理、完全忽略。它和接受不完全一样，因为什么都不做意味着没有努力去接受。对于那些尝试接受现状的人来说，这种感觉就像消极怠工！

5. **让它变得更糟**。希望你别用这个方法。不管从短期还是长期来看，这个方法会危及我们的生活和人际关系，它能把生活搞得一团糟，也可能导致意外频发。

请思考当前困扰你的事情，从上述方法中选择一种，看看它能给你的现状带来什么样的变化，思考它是不是最好的方法。

困扰你的事情：

❏改变　❏容忍　❏接受　❏什么都不做　❏让它变得更糟

带来的变化：

_____

_____

_____

_____

_____

_____

_____

_____

舒适区

当我们有勇气战胜恐惧、朝着目标前进时,全新的生活即将开始。学会自我关爱,你的生活半径将无限延长。在这个练习中,请在最小的圆圈里填写让你感到舒适和安全的情景;在第二个圈子里填写限制你的念头和不安全感;在第三个圈子或圈外列出你可能实现的个人成长以及你的梦想。

关注过程

自我关爱之旅永无止境，在人生的不同阶段，我们会有不同的成长和改变。你可以多次使用这本书，把它当作未来的资源储备。请在下面的横线处写 3 个你觉得仍然需要成长、改进和拓展的地方。同时，在日历上设置一个提醒，每 6 个月检查一次，看看你自我关爱的练习进行得怎么样了。

1. _____

2. _____

3. _____

了解自己

有时候，自我探索会让人感到沉重和紧张。在我们脆弱时，在我们诚实面对自己时，我们其实给洞察力和自我意识打开了大门，让它们照亮黑暗的地方。希望你通过这本书对自己有进一步的了解。请在下面分享练习后的收获吧。

_____

_____

_____

_____

_____

谁是你的女性榜样

回顾历史，我们总能看到很多鼓舞人心的女性榜样，她们勇敢坚强、自尊自爱。你欣赏哪些人？你想成为谁？请列出你的女性榜样，谈谈她们在哪些方面激励了你。

自我关爱的字母汤

有时候，玩字母游戏不失为一个有趣的方法，比如以一个字母为开头来猜单词。在下面的练习里，请先列出你名字的首字母，然后找出以这些字母开头、代表积极意义的单词。这些单词能够反映出你有多么特别、多么值得被爱。如果你感兴趣，可以在字典的帮助下给每一个字母搭配一个充满积极意义的单词。

举例

悦耳的
精力充沛的
真诚的
适应性强的
自然爱好者

我的遗产

反思，是成长过程中一个特殊且重要的部分。反思给我们提供了机会去审视自己的内心。反思生活可以让我们思考自身的价值和人生目的，这一过程有助于我们找到生活的意义，让我们在回顾过去和展望未来时，能够做出相应的选择和决定。如果你要给这个世界留下一笔遗产，你希望留下什么？是物质财富还是精神财富？如何让生活充满意义？不妨在此思考一下。请在下面的空白处写下你的想法。在这里，自我关爱将发出最闪耀的光芒。

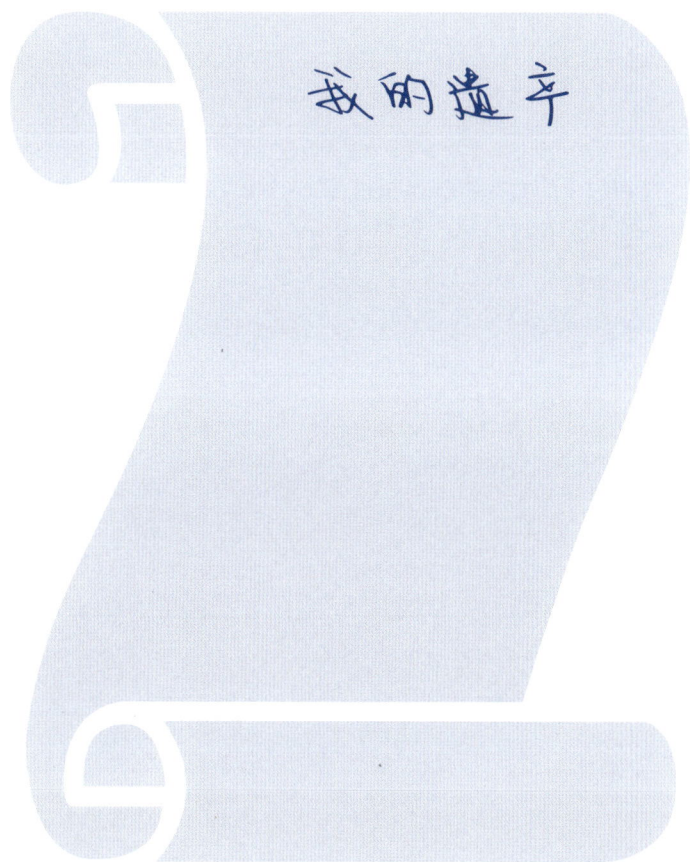

我的遗产

自我关爱日历

现在，你已经掌握了一系列自我关爱练习的技巧，请用下面的日历进行练习。你可以根据自身状况，随意调整练习内容。

星期一	星期二	星期三	星期四	星期五	星期六	星期日
给自己写一封情书	练习自我肯定	站在镜子前表扬自己	探望老友	练习正念	播放"女性的力量"的歌单	重读信件，回顾与反思
练习"神奇女侠"的姿势	集中精力，重复这句口号：我值得被爱	在镜子前写下：我很美	阅读或观看你最喜欢的女性的故事	想想是什么让你如此特别	点燃你最喜欢的蜡烛，进行思考	写出你最爱自己的5件事情
尝试说一次"不"	反思自己的价值和目标	来一次视觉化想象	休息放松	泡泡浴或热水澡	对某人设定边界	把自己放在首位，然后做一个决定
寻求帮助	活动你的身体，用爱的意念去欣赏它	练习自我安慰	寻找一个更有帮助的想法	对自己不喜欢的身体部位，说一些友善的话	对自己说一些友善的话	想象那些和自己很像的人，练习自我关怀

你做到了

请完成下面的感谢信，感谢自己的辛勤工作、奉献精神和探索自我关爱的意愿。这个探索过程有时会让人感到不舒服，有时它十分具有挑战性。但你是一位了不起的女性，充满天赋和力量。在这段旅程中，你已经迈出了一大步，请对自己表达感激之情。

亲爱的_____（你的名字）

你真是太了不起了！我爱你的_____

_____（列举自己的天赋、优势、力量、取得的成就等）。

谢谢你把自我关爱放在首位，并且花时间去_____

_____。我知道你在这一路上遇到了许多挑战，比

如_____。

我很骄傲，因为你_____

_____（如何攻坚克难）。

你不仅展示了个人优势，还收获了许多进步，比如_____和_____

_____。最让我印象深刻的是你_____

_____。

我希望你能通过_____，继续在自我关爱之旅中成长。

再一次感谢你，你非常出色。我爱你。

爱你的_____（你的名字）

未来的 5 个要点

在完成本书所有的练习后，请写下你对未来生活的 5 个要点，并将其随身携带。
可以写你学到的东西，也可以写你看到的不同事物。如果愿意，你可以把它们写
在一张纸上，每天思考一项内容。

1._____

_____

2._____

_____

3._____

_____

4._____

_____

5._____

_____

自我评估：你的自我关爱之旅走了多远？

现在，让我们再看一看，你在自我关爱之旅中处于什么位置。请给以下陈述打分，全部完成后再计算总分。

打分说明：**0** = 从不　**1** = 很少　**2** = 有时　**3** = 经常　**4** = 频繁　**5** = 总是

1. 我相信我有价值并且值得被爱。

　　0　　1　　2　　3　　4　　5

2. 我相信我很特别。

　　0　　1　　2　　3　　4　　5

3. 我有生活目标。

　　0　　1　　2　　3　　4　　5

4. 我有能力表达我的需求和愿望。

　　0　　1　　2　　3　　4　　5

5. 我接受和喜欢我本来的身体。

　　0　　1　　2　　3　　4　　5

6. 我不是只有身处一段恋爱关系中才能感到完整。

　　0　　1　　2　　3　　4　　5

7. 我不害怕犯错，做不到出类拔萃也无妨。

　　0　　1　　2　　3　　4　　5

8. 我的感受和其他人的感受同样重要。

0   1   2   3   4   5

9. 我把自己的感受和别人的感受放在同等重要的位置。

0   1   2   3   4   5

10. 我值得拥有美好的事物。

0   1   2   3   4   5

评分

40 ~ 50：你收获了美妙的自我关爱意识。继续成长，继续爱自己吧！

30 ~ 40：你已经上路了，请谨记：你很特别，你很重要。

20 ~ 30：有时候你觉得自己很有价值，但有时候你在苦苦挣扎。别放弃，你值得被爱。

10 ~ 20：你竭尽全力让自己可爱、有价值。要知道，培养自我关爱的意识需要时间，继续前进吧，你会成功的！

0 ~ 10：你已经意识到了自我关爱的重要性，说明你已经迈出了一大步。通过这本书，你可以不断练习和成长。另外，你可以寻求其他支持，比如心理治疗。继续把自我关爱放在首位，你值得爱与被爱、你值得拥有这一切、你值得拥有人间一切真善美。

结论

读完这本书后，我相信你会同意，完全接受自己并非空谈。学会放下挥之不去的自我怀疑和不安全感，接受自己的缺陷和不完美，这一过程需要付出时间和精力。但是，在生活中，只要我们允许自己学习并练习自我关爱，美好的事情就会接踵而来。拥抱自己就能让我们拥抱他人、充实地生活。

生生不息，学无止境。

结　语

我们所认识的最美丽的人，是那些经历过失败、痛苦、挣扎、失去，依然能从深渊中找到出路的人。这些人能欣赏生活、感受生活、理解生活，同时拥有仁慈、温柔和深切的爱。美丽的人不会凭空出现。

——伊丽莎白·库伯勒·罗斯（Elisabeth Kübler-Ross）

祝贺你，你成功了！我们已经到了本书的终点，不过我希望你能继续你的自我关爱之旅。

毫无疑问，在练习的过程中，你展现的勇气和意志力强化了你与自己的关系。如今，我希望你对自己的天赋和优势有了更清晰的认知，对自己的价值观有了进一步的了解，甚至在很多方面都更加理解自己。你已经学会了接受自己的一切，包括缺点和不完美（记住，没有人可以毫无缺点）。你学会了释放自我怀疑。有了这些努力，你会发现自己与他人的人际关系也发生了变化，这都是意料之中的惊喜。通过这些有意识的练习，你会在生活中继续践行自我关爱，并且学着开发新方法。值得庆幸的是，在自我关爱领域，所有努力都将得到回报。

在整个旅程中，你会继续和困难交手。跌倒了，爬起来，跨越障碍。最重要的就是不放弃，激励自己，勇往直前。记住，自我关爱是一个漫长的旅程，是循序渐进的进化之旅。自我关爱可以改变你和你周围的世界，它值得你全力以赴。

我很荣幸成为你的副驾驶，为你的自我关爱之旅规划路线。我完全相信你现在可以独立前行，继续探索自我价值，追寻更丰富的生活，收获更多的成长。祝愿你在未来的自我关爱之旅中一帆风顺。

参考文献

- Anderson, Laurie Halse. *Wintergirls*. New York: Viking, 2009.

- Baldwin, James. *The Price of the Ticket:* Collected Nonfiction, 1948-1985. New York: St. Martin's Press1985.

- Beattie, Melody. *Codependent No More: How to Stop Controlling Others and Start Caring for Yourself.* Center City, MN: Hazelden1992.

- Bombeck, Erma. *Eat Less Cottage Cheese and More Ice Cream: Thoughts on Life from Erma Bombeck.* Kansas City, MO: Andrews McMeel Publishing, 2011.

- Breel, Kevin. "Confessions of a Depressed Comic. " Filmed in May 2013. TEDx video.

- Brown, Brené. The Gifts of Imperfection. Center City, MN: Hazelden, 2010.

- Clemmer, Jim. *The Leader's Digest: Timeless Principles for Team and Organization Success.* Toronto: ECW Press, 2003.

- De Angelis, Barbara. *Are You the One for Me? Knowing Who's Right and Avoiding Who's Wrong.* New York: Delacorte Press, 1992.

- Hale, Mandy. *You Are Enough: Heartbreak, Healing, and Becoming Whole.* Franklin, TN: FaithWords, 2018.

- Hemingway Ernest. *Men Without Women.* 1927. Reprint, New York: Scribner, 2004.

- Kübler-Ross, Elisabeth. *Death: The Final Stage of Growth.* New York: Simon & Schuster, 1975.

- Levine, Amir, and Rachel Heller. *Attached: The New Science of Adult Attachment and How it Can Help You Find and Keep Love.* New York: Penguin Putnam Trade, 2012.

- Linehan, Marsha. *DBT Skills Training Manual.* 2nd ed. New York: Guilford Press, 2014.

- Maraboli, Steve. *Life, the Truth, and Being Free.* Port Washington, NY: A Better Today Publishing, 2009.

- Neff, Kristin. *Self-Compassion: The Proven Power of Being Kind to Yourself.* New York: William Morrow Paper backs, 2015.

- Parr, Todd. *It's Okay to Be Different.* New York: Little, Brown Books for Young Readers, 2009.

- ——. *It's Okay to Make Mistakes.* New York: Little, Brown Books for Young Readers, 2014.

- Rogers, Fred. Middlebury College Commencement. Address. May 2001.

- Shakespeare, William. *The New Cambridge Shakespeare: King Henry V.* Edited by Andrew Gurr. Cambridge: Cambridge University Press1992.

- Tolle, Eckhart. *A New Earth.* New York: Penguin, 2005.

- Tugaleva, Vironika. *The Art of Talking to Yourself: Self-Awareness Meets the Inner Conversation.* Soulux Press, 2017.

致谢

这本书是多年来我与来访者联手创作和练习的结晶。在咨询过程中，经常发生一些神奇又让人印象深刻的事情。来访者愿意分享他们的脆弱，能够参与这些时刻让我倍感荣幸，这些来访者都是我的良师益友。此外，我还要特别感谢我的父母、姐妹、我的孩子及他们的父亲，以及在人生道路上给予我宝贵人生经验的人、鼓励我把想法变成现实的人，我真诚地向他们表示深切的感激。在此，我也对他们致以真诚的感谢。